建筑设计与表现

COMMUNICATING IDEAS THROUGH ARCHITECTURAL GRAPHICS

[美] 道格拉斯·R．塞德勒
[美] 艾米·科蒂 / 编著

刘美辰 安雪 沈宏 刘洋 / 译

中国青年出版社
CHINA YOUTH PRESS

中青雄狮

Hand Drawing for Designers: Communicating Ideas Through Architectural Graphics
Copyright © 2010 Fairchild Books, a Division of Condé Nast Publications, Inc.
This book is published by arrangement with Bloomsbury Publishing PLC.
Translation © 2014 China Youth Publishing Group

律师声明

　　北京市邦信阳律师事务所谢青律师代表中国青年出版社郑重声明：本书由 fairchild 出版社授权中国青年出版社独家出版发行。未经版权所有人和中国青年出版社书面许可，任何组织机构、个人不得以任何形式擅自复制、改编或传播本书全部或部分内容。凡有侵权行为，必须承担法律责任。中国青年出版社将配合版权执法机关大力打击盗印、盗版等任何形式的侵权行为。敬请广大读者协助举报，对经查实的侵权案件给予举报人重奖。

侵权举报电话

全国"扫黄打非"工作小组办公室　　　　中国青年出版社
010-65233456　65212870　　　　　　010-59521012
http://www.shdf.gov.cn　　　　　　　　E-mail: cyplaw@cypmedia.com
　　　　　　　　　　　　　　　　　　　MSN: cyp_law@hotmail.com

图书在版编目（CIP）数据

建筑设计与表现 /（美）塞德勒，（美）科蒂编著；刘美辰等译 — 北京：中国青年出版社，2014.7
书名原文：Hand drawing for designers:
communicating ideas through architectural graphics
美国设计大师经典教程
ISBN 978-7-5153-2452-4
I. ①建… II. ①塞… ②科… ③刘… III. ①建筑设计 — 教材 IV. ① TU2
中国版本图书馆 CIP 数据核字（2014）第 102939 号
版权登记号：01-2014-2203

美国设计大师经典教程：建筑设计与表现

[美] 道格拉斯·R.塞德勒　　[美] 艾米·科蒂　编著　　刘美辰　安雪　沈宏　刘洋　译

出版发行：中国青年出版社
地　　址：北京市东四十二条 21 号
邮政编码：100708
电　　话：（010）59521188 / 59521189
传　　真：（010）59521111
企　　划：北京中青雄狮数码传媒科技有限公司

策划编辑：张　军　马珊珊
责任编辑：张　军
助理编辑：马珊珊
封面设计：DIT_design

印　　刷：北京博海升彩色印刷有限公司
开　　本：889×1194　1/16
印　　张：14.5
版　　次：2014 年 8 月北京第 1 版
印　　次：2014 年 8 月第 1 次印刷
书　　号：ISBN 978-7-5153-2452-4
定　　价：79.80 元

本书如有印装质量等问题，请与本社联系
电话：（010）59521188 / 59521189
读者来信：reader@cypmedia.com
如有其他问题请访问我们的网站：
http://www.cypmedia.com

为什么你需要学习徒手绘图？

当你走进任意一个基础设计工作室时，你会听到不止一个学生在问："为什么我需要学习徒手绘图？"考虑到现在大部分设计专业的本科生或研究生都会使用各种电脑绘图软件，例如AutoCAD、Google SketchUp、Revit、3D Max以及Photoshop等，这看似是一个很合情合理的问题。

环视我们周围，墙壁上挂满了电脑效果图，杂志里也鲜见几张徒手绘图，即使学生们不懂得如何使用这些软件，这个问题仍然会被提出。看着这些精美的图片，再听着业内人士与评论家对这些图片的赞赏，学生们可能会问："如果专家们和资深设计师都不用徒手绘图，为什么我要去学？"这个问题本身就是值得怀疑的。在这种观念下（即不愿意去学习看似已经过时的徒手绘图），那些新手设计师们认为徒手绘图并不是创意解难过程中必需的一部分。学生们更是认为一旦学会了电脑绘图和渲染，徒手绘图就可以退出设计舞台了。但事实并非如此。

要想做出一份独特又全面的设计方案，就要能够透彻地理解设计主旨。为此，设计师需要反复听取多方意见，对各种设计回应披沙拣金，大胆对现有的方案提出质疑，并做出多种新的推论。每一条反馈意见都可能代表着一个新的方向，又或者是实现设计主旨的一种独特的方法。虽然每一个设计项目收到的反馈都可能根据设计师的不同而不同，但针对方案能够迅速地提出自己的意见、直观地评估外部意见（个别评估或综合评估）的能力在分析设计反馈的过程中是非常关键的。我们认为这个对方案进行不断修改的过程只能通过徒手绘图来完成。

绘图 VS 拟稿

绘图和拟稿是与本书乃至整个设计行业息息相关的两个概念，现在我们来定义和比较一下它们。徒手绘图和徒手拟稿是研究或呈现一份设计方案时独特的设计手法和表达方式。

"徒手绘图"这个词可解释为直观呈现结构示意草图、粗略（但按比例）的视角平面图以及透视图的过程。这种绘图多是用钢笔、铅笔或马克笔在纸质媒介上绘制出来的，也有用丙烯涂料、水彩或炭笔绘制的。徒手绘图在绘制的过程中可以被

不断地完善。即便你已经有了一个明确的图样，但绘图过程本身的不确定性使你可以不断修改和完善原有的想法，就好像是看到它们自己浮现于纸上一样。

"徒手拟稿"这个词多用来描述绘制三维透视图、或二维的轴测图、平面图、立面图或剖面图的过程。由于这些图更为细致和精准，其直观性比手绘图要差一些。徒手拟稿要求在下笔之前就对拟稿内容有更深更全面的理解。

"电脑拟稿"这个词则多用来描述用电脑辅助设计（Computer-Aided Design，CAD）软件绘制实测图的过程。用CAD软件可以在一张图或一套模型的基础上同时生成透视图、平面图、剖面图和立面图。如果你在平面图里加了一扇门，那立面图、剖面图和透视图中也会多出一扇门。作为一种设计工具，这既是它的优点也是缺点。在制作一组全新的电脑图之前，如果成型了的创意在初步调查前没有用徒手绘图或徒手拟稿分解开，则制图所需的各种信息都有可能丢失或错乱。这就是其中一个可以证明徒手绘图重要性的例子。

在这里需要申明的是：作为作者与教育者，我并不是在提倡把电脑技术从设计教育或设计行业中摈弃掉。事实上，无论在我们的授课过程中还是职业生涯中，甚至是在本书的编写过程中，都依赖着电脑技术。虽然本书的主旨是将徒手绘图当作一种设计手段，将徒手拟稿当作一种表达技能，但明白如何将书中所提到的每个概念、每项绘图原则以及每个绘图技巧运用到电脑绘图中也是非常重要的。每一张精美的电脑绘制图都展现着设计师对建筑规范标准的深刻理解以及对绘图原则的熟练运用，这两方面对于任何一个建筑设计师来说都是缺一不可的。

专业手绘

设计教育者及设计专家们都把徒手绘图看作是领导室内设计公司或建筑公司的设计团队所必备的技能。当设计对象的空间复杂性、项目情况或具体细节尚不明确时，公司主要依靠设计师的速写能力来评估项目水平。通过徒手绘图可以向其他设计师、承包商以及客户直观、快速地呈现出设计效果。设计师

们还必须能够徒手绘制平面图、立面图、剖面图以及各种细节图，以便为方案深入者或实习生提供参考以进一步电脑绘图。徒手绘图是陈述概念设计时的有力工具，它可以通过删减不重要的细节，如材质或肌理等，来帮助强调项目对象以及设计概念。

内容概览

本书的每一章都会专门介绍一种绘图规则，或从一个崭新的视角来看待如何将绘图作为一种设计表达方法。每一章节的开头会总述此章中将会介绍到的绘图规则，章节中会展示专业设计公司以及设计专业学生们的作品，以说明每一种绘图规则是如何运用到学习与工作的实践中的。

第一章至第三章介绍了徒手绘图的基础，包括基本概念、绘图原则等。在这些章节中，你可对绘图技巧有一个初步的认识，并了解如何利用这些绘图技巧来表达建筑设计理念以及空间关系。

第四章至第七章介绍了平面图、天花布置图、剖面图以及立面图，其中重点对各视角平面图之间的关系进行了讲述，从而使你可以了解如何通过平面图来构建剖面图或内部立面图，以及如何在这些图稿之间进行修改和完善。其中还介绍了如何通过优化不同角度的平面图来表达你的核心设计理念。这些技巧中包括了如何在立面图中选择适当的"建筑剖切"位置，如何理解图与纸、图与图的关系等。

第八章至第九章介绍了三维绘图规则，包括等视图、轴测图以及透视图等。每一章都以设计大师以及设计专业学生的作品为例，对不同的三维绘图技巧进了介绍，并列出了具体的步骤。

第十章针对如何运用复杂的复合几何原理绘制非正交的二维图作了专门介绍。此章中所呈现的绘图技巧与案例将会帮助你学会如何运用曲线和斜角几何图形来绘图，其中还对如何参照印刷草图模型来建立手绘透视图列出了详细的绘图步骤。

第十一章和第十二章介绍了示意图、分析图、演示图等的绘制技巧，以及如何将电脑技术与手绘技巧结合到一起的方法。在前几章介绍过的绘图规划的基础上，第十一章进一步介绍了在设计过程中用示意图和分析图来完善和展示你的设计理念的方法。第十二章介绍了各种不同的渲染技巧，其中重点介绍了如何运用每一种渲染技巧来展现设计理念，另外还介绍了如何用Photoshop软件对徒手绘图进行渲染。

下载附件

本书有配套的附件可供下载，附件中提供了本书练习中所需要用到的Photoshop、SketchUp以及AutoCAD例图，这些例图可帮助你加深对视觉表现的理解。你可到这里去获取该附件：http://fairchildbooks.com/book.cms?bookid=273。如果你在下载附件的过程中遇到问题，请到这里联系我们：http://HDFDbook.com。

小结

本书中介绍的所有策略、课程以及教学法都来自于我们在基础设计工作室、学校室内设计专业与建筑专业的教学经验和研究成果，以及在设计公司的专业实践经验。

本书旨在通过平面视觉教学加深你对视觉表现和技术设计图的理解。当你对这些有了全面的理解时，你就能够自然而然地将数字绘图当成是一种视觉表达的工具（而非设计的全部）。

当你懂得了如何将手绘作为一种有利工具运用到设计中，我们相信你一定会成为一名操作性更强的设计师。

——道格拉斯·R.塞德勒（Douglas Seidler）

艾米·科蒂（Amy Korté）

我们第一次讨论写这本书是在2007年的3月，当时我们正在佐治亚州的萨凡纳参加国际设计专业新生交流会（The International Conference on the Beginning Design Student）。当时我们面对的挑战是如何将徒手绘图这种"老"方法重新引入被电脑技术日益"占领"的工作室。我们意识到如果要写一本能够起到引导作用的著作，需要联合我们所有的同事、学生以及实习生的力量。

我们想向下面的这些教育者们致以诚挚的谢意，他们的学术讨论、批判性的反馈意见以及满腔的热情为这本书中的教学法的成形以及测试作出了巨大贡献。

安妮·布洛克曼（Anne Brockleman）

大卫·布拉泽斯（David Brothers）

理查德·格里斯沃尔德（Richard Griswold）

卡伦·纳尔逊（Karen Nelson）

李·彼得斯（Lee Peters）

阿里亚娜·珀迪（Ariane Purdy）

我们同样也想感谢希瑟·格雷（Heather Gray）为这本书付出的时间和心血。希瑟对每件事都充满热情和能量的态度对这本书的完成起到了决定性的作用。感谢萨福克大学能力研究援助项目（Faculty Research Assistance Program），这个项目对希瑟的付出给予了回报。感谢我们在萨福克大学新英格兰艺术设计学院以及波士顿建筑大学的同事为帮助本书中的"设计绘图"讨论做出的贡献。

下面的这些人都为本书贡献出了他们的手稿和作品，这些才华横溢的设计师们同样都把绘图看作是设计的重要工具。

塞伦·安德森（Tharon Anderson）

克里斯托弗·安吉拉凯斯（Christopher Angelakis）

凯文·阿斯穆斯（Kevin Asmus）

唐纳德·巴拉尼（Donald Barany）

比利·乔·巴里尔（Billie Jo Baril）

罗伯特·贝森（Robert Beson）

基布韦·戴西（Kibwe Daisy）

李安·戴维斯（Lian Davis）

萨拉·艾根（Sarah Eigen）

希多拉·埃利奥特（Theadora Elliott）

提姆·欧文（Tim Ervin）

乔纳森·C. 加兰（Jonathan C. Garland）

希瑟·格雷

理查德·格里斯沃尔德

威廉·哈珀（William Harper）

大卫·豪根（David Haugen）

徐茜兰（Chienlan Hsu）

林贤（Soo Im）

布赖恩·克尔（Brian Kerr）

梅根·克里格（Meghan Krieger）

西娅拉·兰利（Ciara Langley）

帕特里克·S.拉索（Patrick S. Lausell）

柯尔斯顿·劳森（Kirsten Lawson）

拉尼亚·毛卡斯（Rania Makkas）

凯特·麦戈德里克（Kate McGoldrick）

李·莫里塞特（Lee Morrissette）

赖安·纳维多米斯基（Ryan Nevidomsky）

埃琳娜·拉亚（Elena Raya）

卡特里娜·雷耶斯·罗兰（Katrina Reyes Rollan）

塔米森·罗斯（Tamison Rose）

约翰·鲁福（John Rufo）

艾利森·史密斯（Alison Smith）

内田良太（Ryota Uchida）

马修·瓦利（Matthew Varley）

洛丽·安德森·威尔（Lori Anderson Wier）

赵杰（Jie Zhao）

Arrowstreet建筑事务所

剑桥建筑资源中心（ARC, Architectural Resources Cambridge）

Bernard Tschumi建筑事务所

Diller Scofidio + Renfro建筑公司

Toyo Ito & Associates建筑公司

另外还要感谢Fairchild图书公司的编辑们为本书付出的热情、耐心、指导和协作。感谢奥尔加·孔兹亚斯（Olga Kontzias），詹尼弗·克兰（Jennifer Crane），莉斯·马罗塔（Liz Marotta），莉萨·瓦基欧尼（Lisa Vecchione），埃琳·菲茨西蒙斯（Erin Fitzsimmons）为我们做出的超出预料的努力。

最后，还要感谢我们的家人。艾米·科蒂要感谢她的丈夫杰夫·汤普森（Jeff Thompson）给她的爱和鼓励，感谢她的母亲萨拉·科蒂（Sarah Korté）教会她如何绘画；还要感谢她的父亲罗伯特·科蒂（Robert Korté）让她发现她可以通过努力完成任何事。

道格拉斯·塞德勒要感谢他的家人给他的爱和支持。崔西亚（Tricia），谢谢你的鼓励和支持；劳拉（Laura）和杰夫（Jeff），谢谢你们的反馈和支持；母亲和父亲，谢谢你们教会我如何在实践和探索中学习。

Chapter 1

为什么需要徒手绘图？

　　很多设计专业的新生都会在第一年的学习中提出这个问题。看着教室和那些资深工作室中所充斥着由电脑绘图软件（例如AutoCAD、SketchUp以及Revit）绘制出的效果图，要学生们理解为什么徒手绘图是学习和实践中的一种宝贵技能确实有些困难。

　　本书中的徒手绘图课程和学习目标暗含了这个问题的答案。在本书中，设计大师们的作品始终与学生们的作品同时呈现，以展现徒手绘图是如何被运用在学习和工作中的。

　　下面是本书学习目标的一个概览：

- 绘图与构思——如何在学习和工作中用徒手绘图来探索和完善设计理念？
- 视觉表达——如何在学习和工作中用徒手绘图来表达设计理念？
- 学习绘图——正交图和建筑演示图的基础是什么？
- 绘图与含义——不同的绘图规则和技巧是如何影响我们表达设计理念的？
- 徒手绘图与电脑绘图——如何能够在设计过程中将徒手绘图和电脑绘图结合在一起，从而将彼此的潜力发挥到最大？

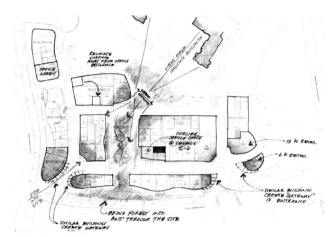

基地方案总平面图

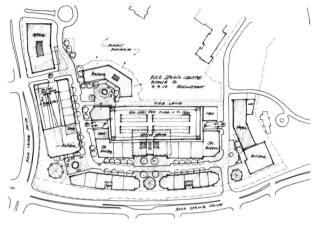

基地方案平面图

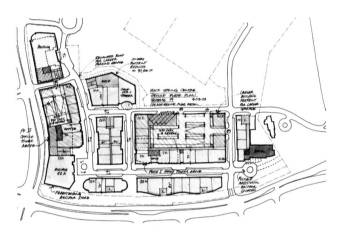

基地方案平面图

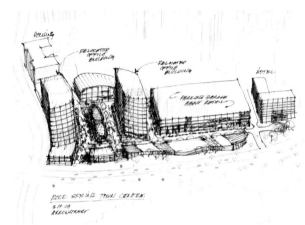

方案轴测图

Arrowstreet建筑事务所
综合应用项目

建筑师和室内设计师经常在构思过程中以徒手绘图来创造、评估和提炼设计理念。

构思的过程就是产生和发展创意及设计理念的过程。构思过程又被称为概念设计形成过程，是用草图、设计图稿和模型的多重组合来探索设计主旨的实现方案。绘制草图是典型的用记号和文字来捕捉和发展创意的过程。虽然构思过程因人而异，但大多数情况下都是依赖于徒手绘图和大量的描图纸来完成的。设计草图的数量并不能保证设计的质量。作为一位优秀的设计师，你必须在构思的过程中批判、分析和完善你的设计，评估每一张草图、设计图稿或模型的优缺点，勇于质疑自己的假设，并做出新的推测。在构思的最后阶段，你应该对设计主旨和评价设计方案的标准都有一个明确、详细、深刻的认识。

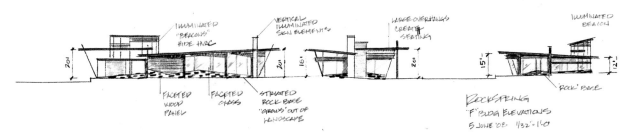

场馆立面图方案A

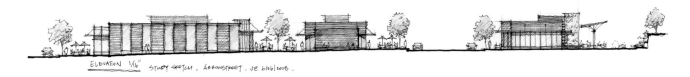

场馆立面图方案B

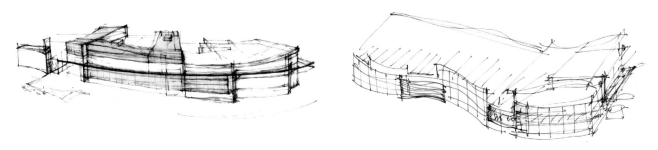

建筑设计草图

无论学习还是工作，绘图都可以使设计师的思路发展和构思过程具象化，以此向别人表达他们的设计理念。

在学院的工作室中，构思过程往往是通过独立的调查而完成的。学生们可以通过绘图表达他们的理念并将其呈现出来，从而展现给同学、导师和评论员以获得反馈。由于获得反馈的机会可能一周或两周才有一次，所以学会在构思过程中评估自己的设计对学生们来说是至关重要的。在专业的设计公司，构思过程往往需要更多的协作，并且几乎每天都会获取反馈意见。项目小组可以由多个设

计师组成，他们针对彼此的图稿相互进行讨论、批注以产生更多的想法。

从这些批注可窥见专业设计公司的一小部分构思过程。很多不同的设计图稿类型，如平面图、立面图以及轴测图都会被运用于整个构思过程中，以便创造三维模型。在一个项目的进程中，设计组中的设计师人数可以从几个到几十个不等。

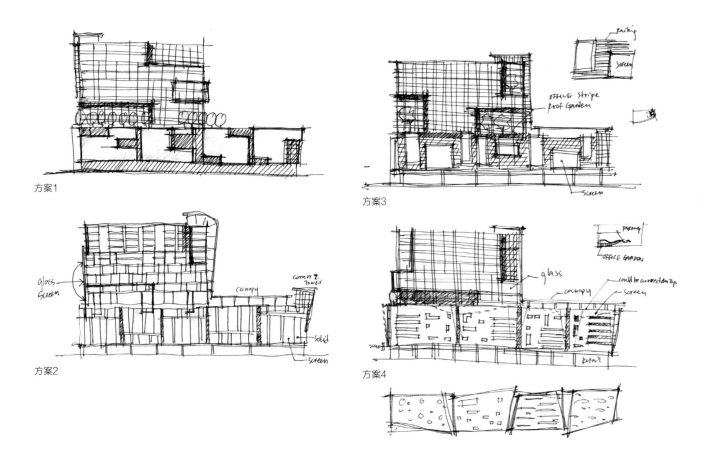

方案1

方案3

方案2

方案4

赵杰
立面图研究
Arrowstreet建筑事务所

粗略的徒手绘图往往比电脑绘图能更明确、更快速地传达设计理念。

不管是会见客户还是在建筑公司内部，现场绘制草图都是传达建筑设计理念的关键手段。虽然现在设计师们越来越依赖于电脑绘图，但徒手绘图仍然在早期的设计阶段中保持其有力地位，而其主要原因就是它可以在需要强调主旨的时候简略掉很多细节。

上面的这几张草图就很好地说明了徒手绘图是如何表达设计师的理念的。上图展现了四种不同的建筑立面图方案，并用文字记号和不同颜色标注了材质。这个项目的设计师在她的速写本里画下了这些图，随后扫描到电脑里并发送给客户以进行讨论。

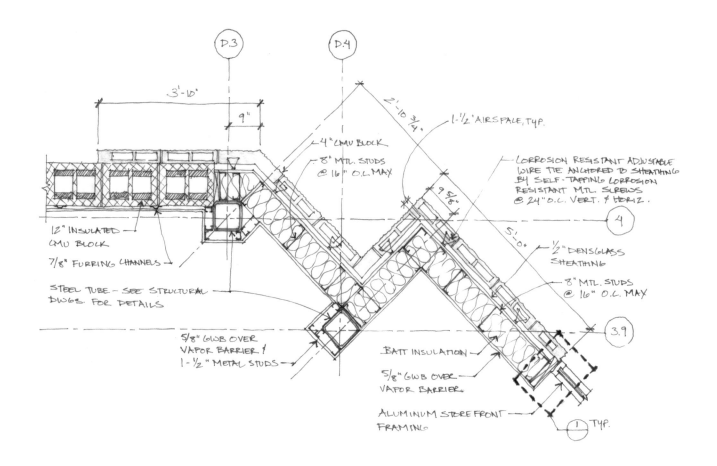

徒手绘图是作为一名室内设计师或建筑公司的建筑设计师所必备的一项重要技能。

要想从实习生成为真正的设计师，就要能够通过徒手绘图画出各个细节或者项目的一部分，以便能够给制图者作为电脑绘图的参照。这些草图常被设计师用于向其他人阐述设计理念，尤其是那些不懂得建筑原理的人；也常被建筑设计师或室内设计师用于向工地上的承包商说明情况。

上面的草图在被设计师制成电脑草图之后就成为了项目文件的一部分。此图由项目负责设计师在建立文档这一阶段绘制，它展示了不同的墙面材料和结构之间的平面关系。

Carter-Burgess公司
描图纸上的草稿
美国，卡罗莱纳州，伯林顿，阿拉曼斯交叉路口

绘图使设计师能够在二维的平面上展示三维的空间效果。

在基础阶段，本书将教你如何在建筑图纸有限的空间内表达和展示你的设计。当你读完这本书并完成书中每一章最后的练习，你就会懂得如何进行徒手绘图，如何手绘平面图、剖面图、立面图、轴测图和透视图。作为衡量标准和培养对象，绘图技巧将会在各种不同的图稿类型的介绍中被详细说明；渲染技巧和示意图绘制技巧则会在后面的章节进行说明。

查尔斯·埃姆斯（Charles Eames，1907年–1978年）和雷·埃姆斯（Ray Eames，1912年–1988年）
埃姆斯宅邸草图组图（1949年）
由道格拉斯·塞德勒绘制

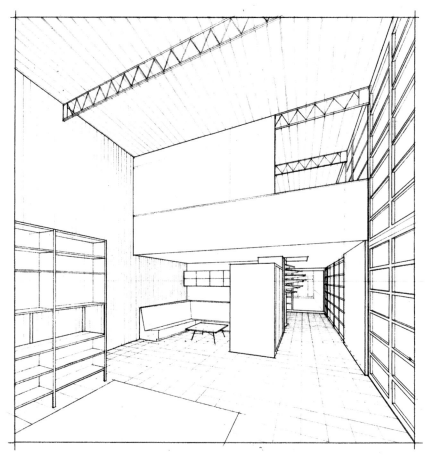

透视图

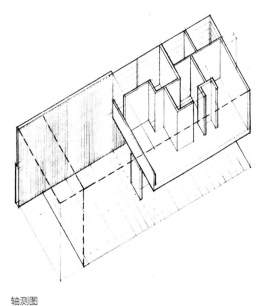

轴测图

立面图

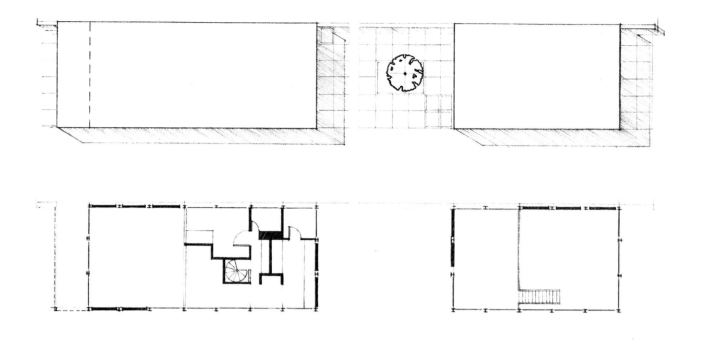

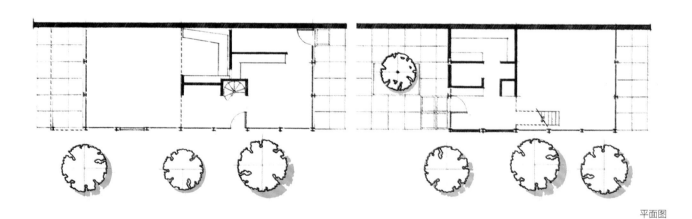

平面图

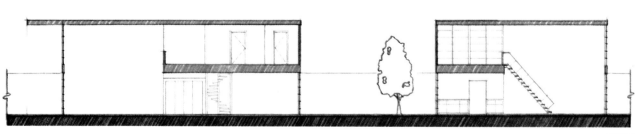

剖面图

每一种类型的设计图稿都以其独特的视角展现着设计项目的空间关系。

设计师们可以通过平面图、剖面图、立面图、轴测图以及透视图这些不同的角度展现他们的设计理念。设计师所选择的设计图稿类型将会影响其产生和表达其设计理念的构思过程。例如，当使用透视图来表达设计理念时，空间体验质量就会被着重强调，如人们在这个空间内移动的路径以及随着移动而产生的视觉效果等。理解了这种设计图对设计方案所产生的影响之后，你就能够更准确地使用各种不同的图稿来完善你的设计。

平面设计的原则影响着设计图稿的表现力，从而使得人们对设计图稿的理解也有所不同。本书将介绍各种构图以及排列原则（如层次、比例和平衡等），并就其对表达设计理念的作用进行阐述。

右侧的透视图是一名学生的设计作品的一部分，这些图被用于探索人们如何在这个空间里移动以及将有什么样的空间体验。这名学生当时正在研究不同的墙面以及天花板塑造出的视觉感受，及其对人们在空间里移动时所起的引导作用。

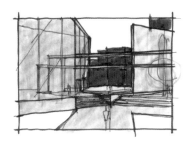
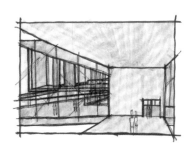

卡特里娜·雷耶斯·罗兰
透视草图
美国波士顿建筑大学
学位项目工作室

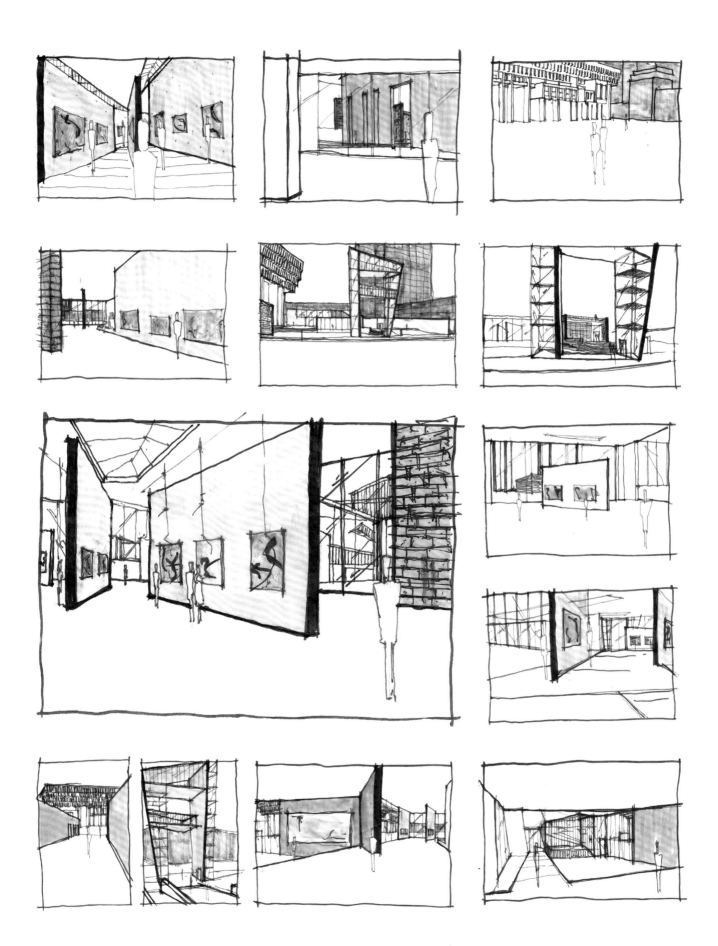

徒手绘图与电脑绘图技巧可综合运用，以使两种媒介的潜力都发挥到最大。

只要了解了徒手绘图与电脑绘图各自的局限与潜力，设计师就能用多种不同的工具来进行绘图，以表达和完善设计理念。本书将介绍使用电脑技术辅助完善徒手绘图的基本技巧，通过掌握这些技巧，就可将各种不同的图稿类型与数字项目结合起来进行设计。很多设计公司都非常依赖这些设计技巧，通过引进学术研究和项目实践中的新电脑技术，这些技巧本身也在不断地发展和进步。

右图图稿就是用于确定构思的依靠手绘和素描技巧绘制的三维电脑图。这张图是依靠电脑技术构建出的透视图，其构建过程比徒手绘图更为快速，而且设计者可以利用电脑制作的图层来展现更多的细节。本书第九章会对这一过程进行详细的步骤解说。

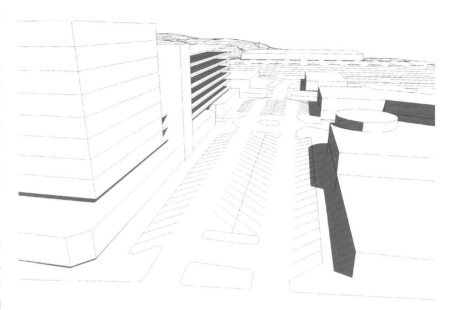

步骤1

根据建筑的总体积建立一个简单的BD模型，并从AutoCAD软件中导入人行道与道路的二维素材。再导入此电脑模型的JPEG格式线框透视图，以创建底图。

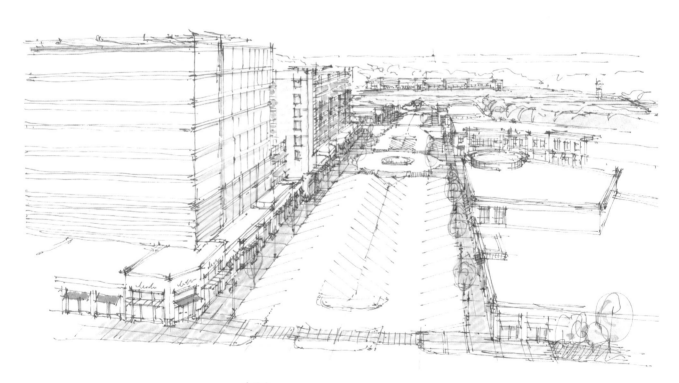

约翰·鲁福和李·莫里塞特
综合运用项目中的空间透视图
Arrowstreet建筑事务所

步骤2

用描图纸调整设计图，并在打印出来的透视图上勾画出窗户等细节。加宽透视图宽度，绘制出更多的街景。这张图只是构思中所绘制的透视组图的其中一张，随着设计进程的推进，将会创建更多的透视图层，以便添加更多的细节从而使建筑设计图更加完善。

Chapter **2**

绘图工具

本章将会介绍各种不同的徒手绘图工具，其中包括铅笔和墨水笔等。

本书的根本观点是，一个设计师是否合格，与其思考是否严谨、能否用手绘图展示设计理念是直接相关的。你并不需要在那些设计公司基本用不到的绘图工具上投入太多的精力。当时机成熟时，我们会告诉你哪些工具在各个时期的徒手拟稿任务中是需要准备的，哪些工具又是你在以后的设计师职业生涯中将会用到的。

在阅读本章内容的同时，思考下列问题：

· 不同的工具对设计的内容以及设计理念的表达会产生怎样的影响？

· 用铅笔和钢笔绘制出不同线宽的方法有哪些？

投资购买一个好的绘图桌板是非常有必要的，因为它在很大程度上影响着你的绘图质量。你可以考虑买一块现成的绘图板，也可以用空心门板、Borco或Vyco的厚纸板封面、丁字尺以及Mayline或Paral-Liner的直尺制作一块适合自身需要的绘图板。

· Borco厚纸板封面是一种可以自我修复的材料，只要保持清洁，面材上硬铅笔和圆规等留下的绘图痕迹会自动消退。

· 如果你自己制作绘图板的话，至少需要965mm（38英寸）长、660mm（26英寸）宽，这样的大小不仅可以放得下你的图纸，而且还放得下你的电脑，当作电脑绘图板使用。

丁字尺

· 将丁字尺的顶边与你的绘图板边缘对齐，通过滑动丁字尺绘制水平的平行线。

· 再用丁字尺配合三角板，以绘制垂直的平行线。

· 由于丁字尺并不与绘图纸直接接触，这种结构就为设计师在将绘图板作为电脑绘图板使用时提供了最大的便利。

Mayline / Paral-liner

· Mayline平行尺和Paral-liner移动直尺都是被直接放在图纸上进行绘图的。

· 将直尺在图纸上上下滑动可绘制水平的平行线，配合三角板可绘制垂直的平行线。

· 虽然这样画出的平行线比用丁字尺画出的要准确得多，但是其安装更麻烦，并且不适用于电脑绘图。

建筑尺以及工程尺都是用于测量缩小的、精确的平面图、剖面图以及立面图。建筑设计师以及室内设计师们会针对不同的图稿使用不同的特殊测量用尺。

· 右图这种类型的三棱尺在每一面都有四种不同的比例尺度。

· 一把三棱尺有十二种尺度。

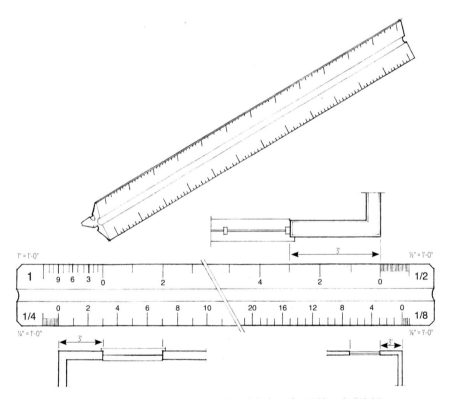

当你只看三棱尺的其中一面时，你会发现尺子的四个角有四种不同的尺度或比例。

· 在上图所示的尺面中，这四种尺度分别是1″ = 1′-0″（1英寸=¹⁄₁₂英尺，即1:12），½″ = 1′-0″（½英寸=¹⁄₂₄英尺，即1:24），¼″ = 1′-0″（¼英寸=¹⁄₄₈英尺，即1:48），以及⅛″ = 1′-0″（⅛英寸=¹⁄₉₆英尺，即1:96）。

· 注意每一张平面图的建筑尺度不一定相同，所以其相对大小也不一定相同。

· 从0刻度线开始往右，每一条刻度线就代表1英尺。

· 0刻度线以左的刻度线表示的是在该尺度比例下的英寸长度。

· 使用之前在三棱尺的各个面上选择适用于你的绘图比例的尺度。

用墨水笔绘图

设计师在绘制三维空间时需要画出清晰可辨的线条。

· 在用墨水笔进行绘图时，选择不同的笔以调整线宽。

在用墨水笔绘制演示图时，你可以考虑选择Pigma Micron、Itoya Finepoint System和Koh-I-Noor Rapidograph这几个品牌的笔，这些品牌的笔都有各种不同尺寸的笔尖可以替换，以用于绘制不同的线宽。

· 极细线：可用Pigma Micron 005号笔（0.2mm）或相同粗细的笔。
· 细线：可用Pigma Micron 01号笔（0.25mm）或相同粗细的笔。
· 中等线：可用Pigma Micron 03号笔（0.35mm）或相同粗细的笔。
· 粗线：可用Pigma Micron 08号笔（0.5mm）或相同粗细的笔。

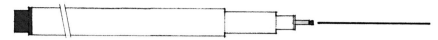

Pigma Micron 08

画草图或绘制图纸的时候，你也可以选择下面这几种软头墨水笔。这些笔在普通的文具用品商店都有售。由于这种笔的墨水颜色各不相同，所以不适用于绘制演示图。

· 细线：可用Pilot Razor Point或Pilot Razor Point II的笔。
· 中等线：可用Pentel签字笔。
· 粗线：可用Sharpie Fine Point永久马克笔。

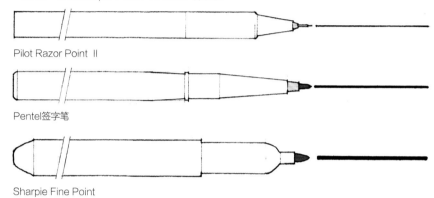

Pilot Razor Point II

Pentel签字笔

Sharpie Fine Point

用铅笔绘图

当用铅笔来绘图时，可使用不同型号的铅笔或不同粗细的铅芯来控制线宽。

· 你可以用自动铅笔配合不同粗细的铅芯来绘制演示图。

自动铅笔需要配合铅芯使用，可购买多种不同粗细的铅芯以便替换，从而画出宽度不同的线条。铅芯研磨器就是用来削自动铅笔的工具。铅芯研磨器和自动铅笔都可以在美术用品商店购买到。

· 使用铅芯研磨器时，要先按照自动铅笔笔身上标注的数值将铅芯按出一定长度。
· 一只手拿自动铅笔，一只手固定铅芯研磨器，将笔头放入研磨器上方的孔中。
· 顺时针旋转自动铅笔，这时你可以感觉到铅芯正在被刀片打磨。
· 旋转自动铅笔直到笔头被磨尖，将自动铅笔从研磨器中取出。
· 用纸巾轻轻将铅芯上残留的铅末擦掉。

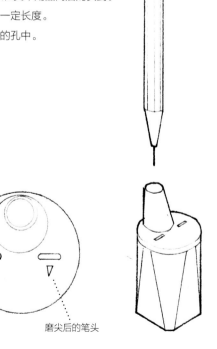

秃了的笔头   磨尖后的笔头

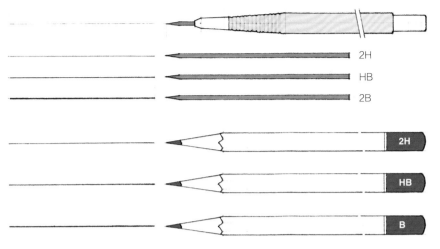

2H

HB

2B

2H

HB

B

线宽

· 极细线：4H铅芯。

· 细线：2H铅芯。

· 中等线：HB铅芯。

· 粗线：2B铅芯。

若要画草图或是自由绘图，你可以使用绘图铅笔，这种铅笔用普通的削笔刀就可削磨。这类铅笔也有不同粗细的铅芯可供选择。

三角板

绘图三角板多与水平直尺配合使用，以绘制垂直线和斜线。

· 绘图三角板的边缘一般是接触不到纸面的，这样可以防止在用墨水笔绘图时尺子沾到墨水后在纸面上产生拖痕。

· 当需要在平面图、立面图和剖面图中绘制特定角度的斜线时，可以使用内角角度分别为45°、45°、90°的正三角板（等边三角板）来绘制45°的等视图。

· 内角角度分别为30°、60°、90°的直角三角板可用于绘制轴测图和30°的等视图。

· 可调三角板可以绘制任意角度的斜线。如果你只想买一块三角板，那么就最好选择可调三角板，它既可以当正三角板使用也可以当直角三角板使用。

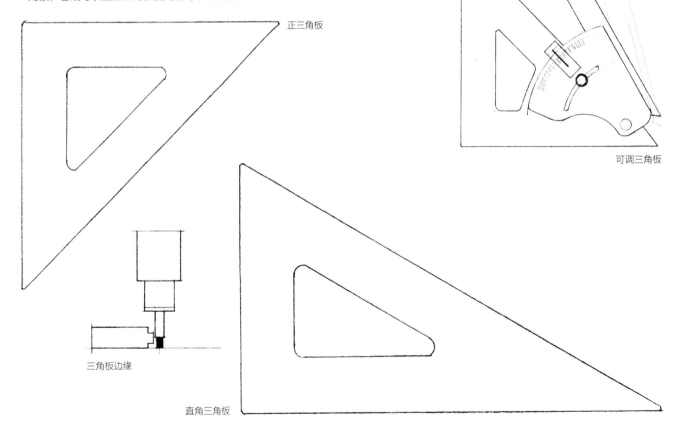

正三角板

三角板边缘

直角三角板

可调三角板

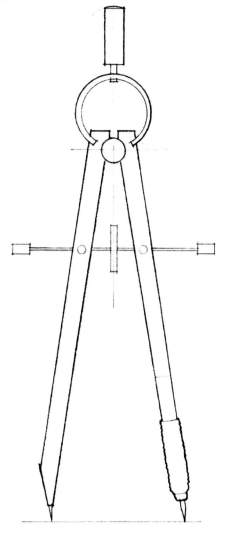

圆规

圆规主要用于在平面图、剖面图或立面图中绘制较大的圆形，同时也用于构建几何图形以等分线条。

· 用自动铅笔和铅芯研磨器把圆规的铅芯削尖。

· 你可以购买图形板以绘制圆和椭圆。

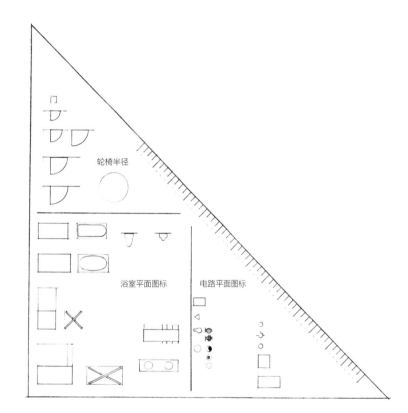

室内设计专用图形模板

室内设计专用图形模板上提供了一些标准尺寸的常用平面家具图标。这些模板可以帮助你快速添加室内元素，如门、卫生间以及各种手绘演示图中需要标示的家具。它们还可用于在进行空间规划时快速确定样板房间的位置和尺寸。

· 你可以考虑购买一个有扇形门图标、卫生洁具图标以及电路图标的图形板。

· 标准的图形板尺度是¼″ = 1′-0″以及⅛″ = 1′-0″。

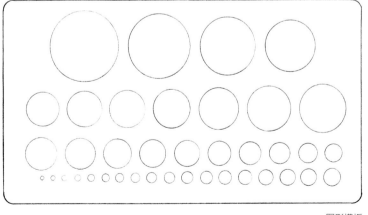

图形模板

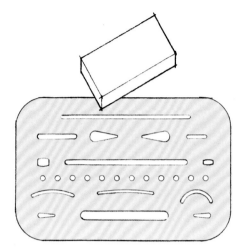

橡皮蒙板

用橡皮蒙板可以精确地控制橡皮的擦除范围，从而避免不小心擦到不该擦的地方。橡皮蒙板上不同的孔槽是为擦除直线和弧线所设计的。

橡皮蒙板

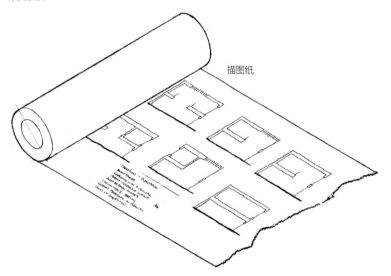

描图纸

描图纸

质地轻薄的描图纸适用于大致勾画出设计草图，用铅笔或钢笔皆可。

· 由于这种纸是半透明的，所以可将绘有不同元素或部件的纸重叠起来呈现整体效果，以尝试绘制不同的设计方案。

· 在检查设计的过程中或设计完成后，你可以通过将描图纸放在已有的演示图上来发掘不同的设计方向。

· 根据你所设计的项目的规模，可以选择366mm（12英寸）、548mm（18英寸）或731mm（24英寸）宽的描图纸。描图纸一般有白色和淡黄色可选。

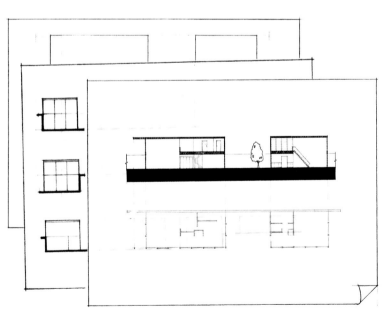

牛皮纸 / 绘图用聚酯薄膜

演示图通常都是在牛皮纸或绘图用聚酯薄膜上绘制的。

· 绘图牛皮纸有多种不同的透明度。

· 我们在绘图过程中，为了修改设计或纠正错误常用橡皮擦除各种线条，而牛皮纸的韧性使其在这一过程中不会受到损坏。

· 绘图用聚酯薄膜有单面打磨和双面打磨两种类型，打磨过的光亮面才可用于绘图。

· 聚酯薄膜是用墨水笔绘图的首选材料。使用墨水橡皮可以把聚酯薄膜上的墨水痕迹完全擦除，同时完全不会损伤材料表面。

牛皮纸 / 绘图用聚酯薄膜

Chapter **3**

绘图原则

本章将分别从二维和三维的角度介绍基本的设计原则，包括排序原则、图形-背景原则、空间关系原则以及比例原则等，通过这些原则的介绍以展现它们是如何被运用于平面图、剖面图以及立面图中构建空间关系和完善设计理念的。

在阅读本章内容的同时，思考下列问题：

· 如何在设计的学习及实践的过程中运用徒手绘图探索和完善设计理念？

· 如何在设计的学习以及实践的过程中运用徒手绘图表达设计理念？

· 不同的图稿类型和技巧对设计的内容以及理念的表达有什么不同的影响？

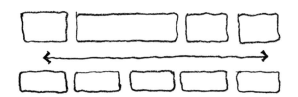

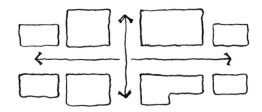

单轴分布

在轴向分布的平面图中，各个要素以一条真实的或虚拟的轴线对称或平衡排列。

· 绘制双向走廊和城市街道时都可使用建筑设计图和室内设计图中的单轴线。

双轴分布

在双轴向分布的平面图中，各个要素以两条真实的或虚拟的轴线平衡有序排列。

· 绘制交叉走廊和十字路口时都可使用建筑设计图和室内设计图中的双轴线。

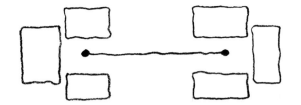

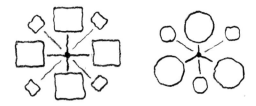

双结点分布

在双结点分布的平面图中，各个要素环绕在两个结点附近。两个结点可以由一条连续直线连接。

放射分布

在放射分布的平面图中，各个要素以一点为中心呈发射状分散分布。

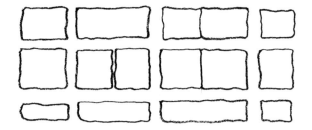

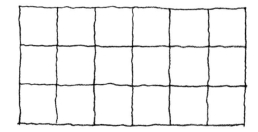

网格分布

网格分布是将各要素、区域或规划好的空间按照真实的或虚拟的网格线分布。网格的大小可根据环境或个体的需求进行变换。

· 网格分布多用于城市规划、建筑设计、楼层平面图及建筑室内和室外的外观设计。

规则网格分布

规则网格即大小相同的网格。各个要素都要按照网格的大小进行分布。规则网格分布可同时用于二维设计和三维设计。

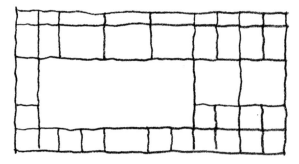

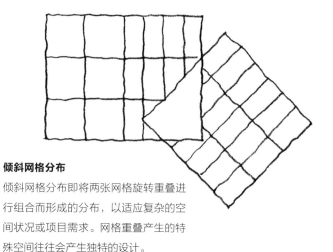

不规则网格分布 / 矩阵分布

不规则网格 / 矩阵的网格大小是按照内部空间需求或外部环境需求来规划的。

倾斜网格分布

倾斜网格分布即将两张网格旋转重叠进行组合而形成的分布，以适应复杂的空间状况或项目需求。网格重叠产生的特殊空间往往会产生独特的设计。

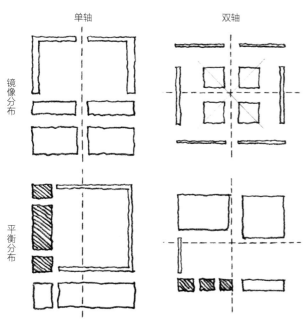

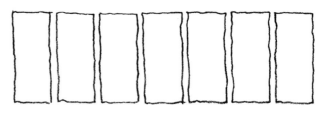

重复原则

重复原则是指单个或一系列空间要素的有规律重复，可同时运用于二维设计和三维设计。

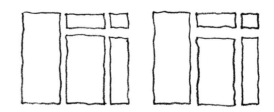

对称原则

对称原则是指各要素在中轴线两侧镜像分布或平衡分布。

- 镜像分布是将中轴线一侧空间要素精确地复制到中轴线另一侧。这种严格对称要求在实际操作中存在一定的难度。
- 平衡分布就是将不同的空间要素按照计算和测量的结果分布在中轴线两侧。

呼应原则

呼应原则是指同一套空间要素的再现。再出现时，这一套空间要素可以有或微小或明显的变化。

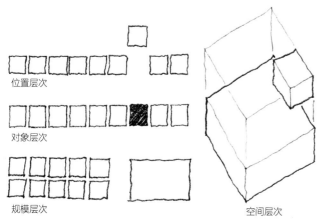

层次原则

层次原则是指将同类型的元素按照一定层次排列。在设计中，空间、区域和空间要素都可以进行层次排列。

- 当从一组既定的组合元素中抽离出其中一个元素时，就会产生位置层次感。
- 当一个元素的特征或几何特点区别于其他元素时，就会产生对象层次感。
- 当一个元素的规模明显大于或小于其他相似元素时，就会产生规模层次感。

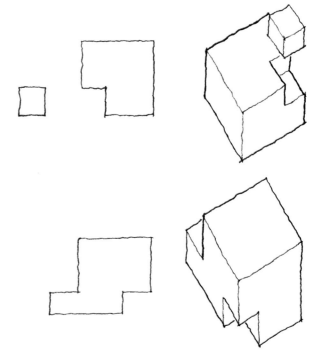

调整原则

调整原则是指在空间构图中对要素的体积、区域或定位的修改。这是一种对要素的性质而非要素本身做出的隐性调整。

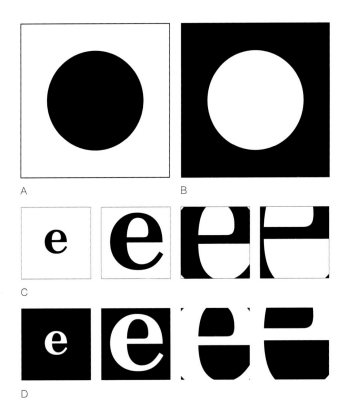

A

B

C

D

在图形-背景构图中，图形元素可以清楚地从背景中被辨识出来。

· 白色背景上的黑色圆形图案（图A）。

· 图A的反相图，黑色背景上的白色圆形图案（图B）。

· 组图C中的黑色字母"e"在白色背景上逐渐增大，到最后一张图黑色成为了背景色，这时已无法辨认出黑色部分的字母。

· 组图D是组图C的反相图，从这两组图中可以看出前景与背景对辨认字母"e"起着决定性作用。

图形-背景反转

在图形-背景反转构图中，图形与背景的关系很模糊，无法明确辨认出哪一部分是图形，哪一部分是背景。

· 左侧的图片可以看成黑色背景上的一个白色酒杯（图形）。

· 反过来，也可以看成白色背景上的两张侧脸。

如上图所示的这些二维构图练习可以训练学生利用构图中的前景和背景元素创造视觉模糊（图形-背景模糊）和视觉震撼效果的能力。下图是用白色和黑色的纸在棕色的硬纸板上完成的构图。

成功的构图是用棕色硬纸板的部分作为前景图形，用白色和黑色的纸作为背景，这时前景和背景的界限变得模糊，变成了一种模棱两可的构图。

在柯林·罗（Colin Rowe）和罗伯特·斯拉茨基（Robert Slutzky）于1963年发表的《字面的透明与现象的透明》（Transparency: Literal and Phenomenal）一文中，作者以建筑设计图和立体派画作的构图为示例，将这种视觉震撼定义为"现象的透明"，这是一种空间构图的内在特性，使同一个元素可以同时出现在两个位置。在这个学生的作品中，这两个位置就是前景和背景。

威廉·哈珀
点构图
波士顿建筑大学，研究生A类基础设计工作室

大卫·豪根
点构图
波士顿建筑大学，研究生A类基础设计工作室

在平面图中，两个独立的空间可以产生三种
不同的关系。

包含空间

包含空间就是指一个空间完全被包围在另一
个空间之内。根据具体的空间关系，主空间
既可以是外部的空间也可以是内部的空间。

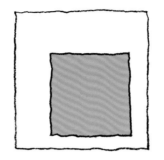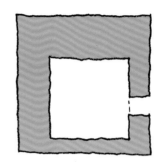

部分重叠空间

· 两个独立的空间若有部分重叠，重叠的这
  一部分空间则既是一个新的独立空间，同
  时属于两个大空间的一部分。
· 另一种情况就是重叠的这一部分空间从属
  于其中一个大空间，而与另一个空间存在
  一种隐性模糊的关系。

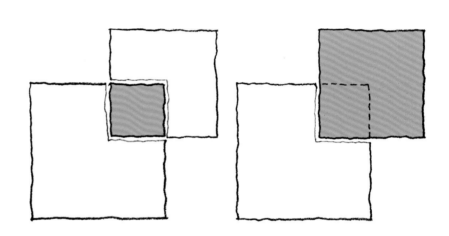

连接空间

· 连接空间是指将两个单独的空间连接在一
  起形成的第三个空间。
· 以右图为例，连接空间可以与第一或第二
  个空间有相同的材质或空间特点。
· 连接空间不一定是一个封闭的空间，也可
  以是由家具或其他物品隔离出来的空间。

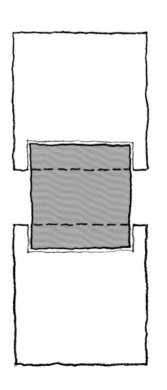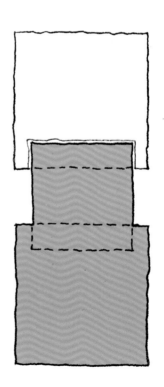

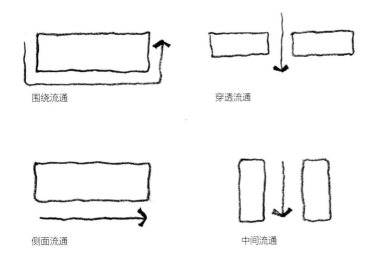

围绕流通　　穿透流通

侧面流通　　中间流通

流通

楼层平面图是针对建筑对象、区域和空间进行组合设计的构图。设计的实际效果则是通过流通系统来体验的。

在掌握了分布原则和设计比例的基础上，好的平面图来源于好的空间占用与流通设计。

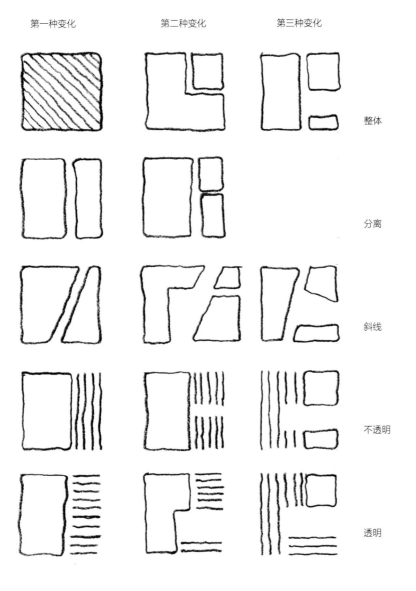

第一种变化　　第二种变化　　第三种变化

整体

分离

斜线

不透明

透明

构思与改进

要做出严谨的设计分析，就需要能够研究和检查不同的可行设计方案，以做出改进。

改进的过程是完善和明确设计意图的有力工具，在这个过程中所做出的调整可以是经过长久计划的，也可以是临时的。这个过程还可以用于检查一个设计创意经过不同变化后产生的不同效果。检查的结果应该与部分或整体的原始设计理念挂钩。

练习

用下面的概念创建一个矩阵表格。

· 部分，整体。

· 网格，双结点。

· 不透明，透明。

· 分离，连接。

帕拉第奥式比例（Palladian Proportions）

在安德里亚·帕拉第奥（Andrea Palladio）的《建筑四论》（*Four Books on Architecture*, 1570年）中，他提出了七种"最美观且最均衡的房间分隔比例"。帕拉第奥在他的很多宅邸的设计中都运用了这些比例。

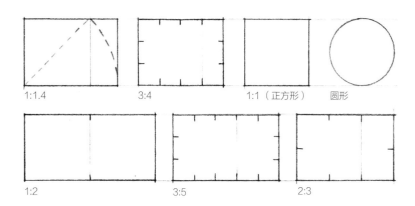

1:1.4　　　3:4　　　1:1（正方形）　　　圆形

1:2　　　　3:5　　　　2:3

弗斯卡利宅邸（建于1558年-1560年）是受尼可罗·弗斯卡利（Nicolo Foscari）和阿莱斯·弗斯卡利（Alvise Foscari）的委托在意大利威尼斯城外建造的。这栋宅邸可以作为典型示例来展现如何将帕拉第奥式比例应用在对称的建筑空间布局中，它同样展示了如何将良好的比例设计塑造和编组平面图的，如右图所示。

帕拉第奥对建筑结构——尤其是砖石结构的深刻理解是这栋宅邸以及其他帕拉第奥式对称结构诞生的重要基础。通过将相同大小的房间镜像分布，墙壁对于上一层楼对房顶的承重是平均的。

弗斯卡利宅邸

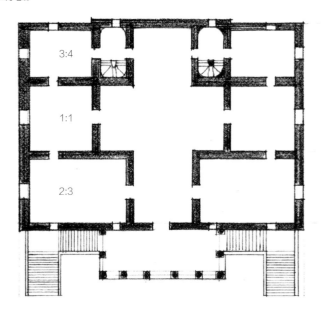

科林·罗在1947年发表的文章《理想别墅的数学》（*The Mathematics of the Ideal Villa*）中对帕拉第奥的弗斯卡利宅邸和勒·柯布西耶（Le Corbusier）的盖什宅邸（Village Garches）进行了比较。

右侧图呈现了科林·罗对弗斯卡利宅邸空间比例和实墙位置的分析。

· 这张平面图的长是8个长度单位，宽是5.5个长度单位。

· 从左到右的空间比例是2:1:2:1:2。

· 包括门廊在内，从前到后的空间比例是1.5:2:2:1.5。

比例分析图

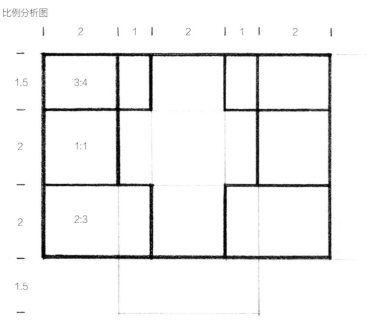

黄金比例

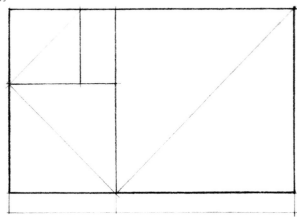

萨伏伊别墅

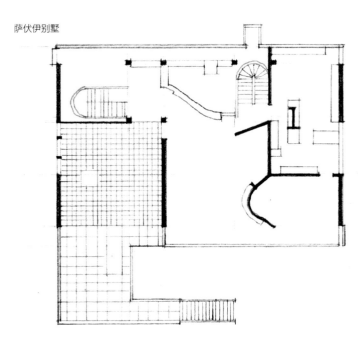

比例分析图

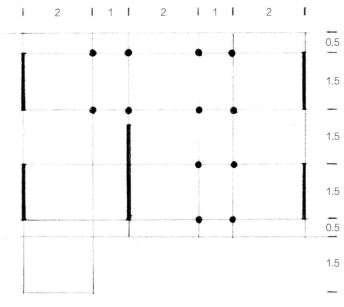

黄金比例 / 控制线

勒·柯布西耶（1887年-1965年）在使用控制线来完善平面图、剖面图和立面图方面沿袭了帕拉第奥的风格。他在《走向新建筑》（1923年发表，1927年被翻译成英文）一书中写道："控制线是精确的保证。"勒·柯布西耶认为，控制线并不是用来创建平面图的，而是用来创造"数学测量的可见形式，用于保证对布局的准确把控"的工具。

勒·柯布西耶所表述的这种设计与数学的关系和徒手绘图与电脑绘图的关系类似：电脑并不是用来产生设计的，而是用来完善和明确设计意图的工具。

勒·柯布西耶在设计萨伏伊宅邸（建于1927年）的主结构时，运用了与弗斯卡利宅邸相似比例。

· 勒·柯布西耶在萨伏伊宅邸中按照黄金比例设计了一系列正方形空间。
· 在自由平面图上，勒·柯布西耶将承重墙分散为多个承重柱用以分隔空间。
· 和帕拉第奥设计的弗斯卡利宅邸不同，萨伏伊宅邸的室内空间大小以及空间关系并不受建筑结构的限制。

左侧图呈现了科林·罗对萨伏伊宅邸空间比例的分析。

· 与弗斯卡利宅邸的分析图一样，这张平面图的长和宽也分别是8个单位长度和5.5个单位长度。
· 从左到右的空间比例也和弗斯卡利宅邸一样是2:1:2:1:2。
· 从前到后的空间比例与弗斯卡利宅邸不同，是1.5:0.5:1.5:1.5:1.5:0.5。

Chapter 4

楼层平面图

　　本章将介绍如何运用楼层平面图来产生创意，并讨论各种建筑设计中的图稿表现类型，以帮助你绘制出更易读的楼层平面图。本章将揭示设计工作室中的学生和导师们所做的工作：将实体模型与三维设计转化为二维图稿。

　　由于每个学校的教学方法不同，你也许从一开始就习惯将平面图作为一种设计工具使用，又或者在经历了表达设计结构以及构建模型理念之后才意识到平面图的重要性。不管你在哪个设计阶段开始使用平面图，它都是完善和明确你的设计构思及理念的重要工具。

　　如果没有做出一张好的平面图，就相当于什么都没做。离开平面图，所有设计都是脆弱而无法延续的，即使有再多华丽的装饰也没有用。

——勒·柯布西耶《走向新建筑》

　　在阅读本章内容的同时，思考下列问题：

· 如何在学习以及实践的过程中运用徒手绘图探索、完善和表达设计理念？

· 构建楼层平面图需要用到哪些基础图稿类型？

· 楼层平面图在设计过程中有哪些作用？

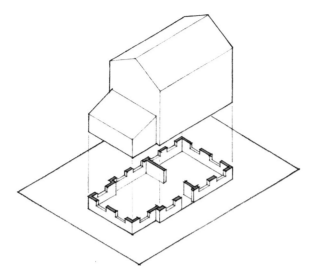

楼层平面图就相当于整个建筑的横截面，一般截面高度是距离地面1067mm（3英尺6英寸）。如果是底层，则这个横截面可以延伸到建筑外部，将人行道、道路和街景都包含进去。

楼层平面图是一种二维平面图，用于表现建筑或项目中的空间状况，包括与相邻空间的关系。

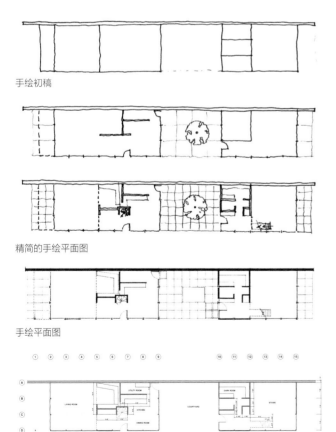

手绘初稿

精简的手绘平面图

手绘平面图

电脑绘制平面图

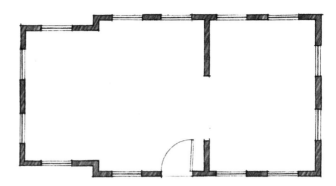

在楼层平面图中，各个设计元素也是以横截面的形式出现，如门和墙壁都是用粗黑线表示。这件部件在演示图中也会被加上实心效果，以便区别于窗户等。室内家具多用中等线绘制，地面布置则用细线绘制。

楼层平面图的规模取决于项目的规模。常规的演示平面图比例是 $\frac{1}{16}'' = 1'-0''$，$\frac{1}{8}'' = 1'-0''$，或 $\frac{1}{4}'' = 1'-0''$。

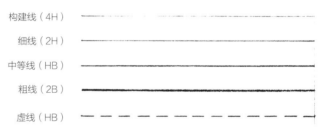

构建线（4H）

细线（2H）

中等线（HB）

粗线（2B）

虚线（HB）

线宽

设计师们都会以清晰明了的线宽来绘制平面图。

· 在进行徒手绘图时，可以通过更换不同粗细的铅芯/铅笔/钢笔以及下笔的轻重来调整线宽。

徒手绘制平面图的构思

构思过程就是进行概念设计的过程，即对多种设计可能进行研究，并评估各个设计方案是否符合设计主旨。构思过程往往是一个项目的开端，可以在完成了调查和规划之后开始，也可以同时进行。在构思过程中，需要将文字性的设计主旨转化为空间设计方案。

· 在平面图中，可以对多个设计方案或选项进行简略快速的修改，构思过程在这时体现得最为明显。这种修改多以缩尺比例进行。

· 用缩尺比例的好处是可以让设计师更专注于整体宏观规划，如相邻元素、规模和比例等。

· 设计师们在研究平面图的组织结构和交通流通状况时多用速写的方式进行批改，此过程中对工具没有要求，用炭笔、马克笔、铅笔或水彩都可以。

查尔斯·埃姆斯和雷·埃姆斯
埃姆斯宅邸
由道格拉斯·塞德勒绘制

徒手绘图与电脑绘图

在设计过程中，有时候你需要为项目演示、客户会议或建立建筑图档案绘制更为精确的图稿。使用绘图板或电脑绘图软件，你可以用准确的线宽快速地将手绘草图转化为符合绘图标准的平面图。这些精确的图稿可以体现更多的信息，如地面铺设、格调以及尺寸等。

需要强调的是，一张好的平面图不仅要达到一定的精确度，而且要能准确地表达出设计理念。粗略的徒手绘图对于探索、完善和加强设计方案来说更为有效，而精确的徒手绘图或电脑绘图在保证精准度以及演示、存档文件的一致性方面的作用更明显。

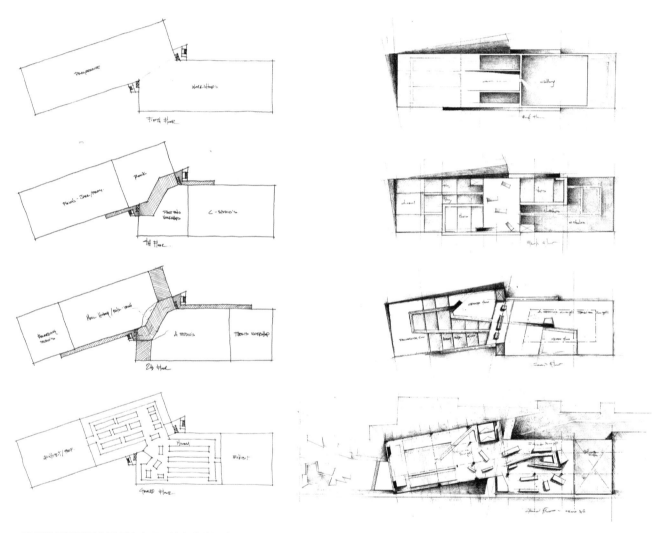

这些演示图是用来展现这个项目的室内空间布局的，在这些图里我更想表现的是体积，而不是设计空间。通过给空间边缘加上阴影，且使阴影从外向里减淡，从而为这些平面图添加了体块效果。通过调整阴影开始减淡的位置，还可表现出空间的高度和投影位置。几乎每个人都喜欢用SketchUp和Revit等软件来表现设计。当然，这些软件在空间规划和材质研究方面确实有明显的优势，但我还是觉得学生们在刚开始进行设计的时候太依赖于这些软件了。以手绘来表达设计理念以及建筑形式、体积以及空间等，这种能力是非常可贵的，因为只要几张简单的草图就可让人快速地掌握一个设计的核心思想。由于绘图这种技能只能在实践中得到提升，所以只要条件允许我就会尽量自己绘图。

——凯文·阿斯穆斯

凯文·阿斯穆斯

平面纲要图
波士顿建筑大学，学位项目工作室

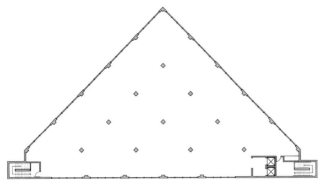

建筑外墙

空间规划

对建筑设计师和室内设计师来说，在纲要图中要设计出适当的室内空间大小及其相互关系。空间规划这一评估空间关系的步骤往往是在绘制平面图的过程中进行的，因为在平面图中可以清楚看到流通路线、面积需求与相邻元素间的相互关系。

好的设计往往是在一个严密的设计过程中经过多方调查和多次完善的结果。

方框图

方框图

方框图的绘制过程就是室内设计师们根据建筑外墙范围和项目计划逐步添加室内元素的过程。

· 左侧图中的各个方框展现了项目所需的各个空间的大致尺寸。

· 这种绘图方法使得设计师可以在短时间内探索出多种设计选项。

· 好的方框图可以用于检测相邻元素、入口、出口、相对比例以及流通模式等的设计是否合理。

建筑平面草图

楼层平面草图

· 根据方框图中的各项数据分析结果，设计师可以标注出墙面、门和窗户等进一步完善平面图中的设计。

· 楼层平面草图为研究和完善设计提供了较大的空间。

· 这张图还可以用来评估建筑的生命安全系数，包括房间出口、建筑出口、一般移动路线以及到出口的最大距离等。

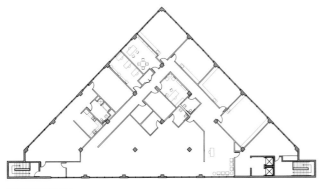

建筑平面演示图

楼层平面演示图

平面演示图一般是用来向客户或在报告会议中展示设计理念和建筑组织结构的。这也许是表明了项目中各种主要结构数据和整体设计方法的最早图稿。

· 这些图中往往会标明家具的布局，以标示各单独空间的预期用途。

· 好的建筑平面演示图用注释文字和图例标示出各个空间大致用途。

· 虽然数字绘图软件方便实用，但设计公司可能还是会选择徒手绘制平面演示图。手绘的平面图可以向客户更好地展示当前设计方案的灵活性，如哪些地方还可以进行哪些调整，用电脑绘图的话很容易让客户误以为这就是最终方案。

分析图

分析图可用于检查一个项目的背景、先例、空间占用，以及评估现有设计的可行性。好的分析图可以通过被修改或从中移除一些不必要的信息来帮助你找出项目中需要完善的部分，同时还能展现出现阶段调查或分析的结果。

分析图通常是按缩减比例绘制的。在分析图中，可通过添加色彩或其他图文元素来形象地展示每一张图的核心理念或各个要素。

路德维格·米斯·范德罗厄
（Ludwig Mies Van Der Rohe，1886年–1969年）
巴塞罗纳世界博览会德国馆（建于1929年，1988年重建）

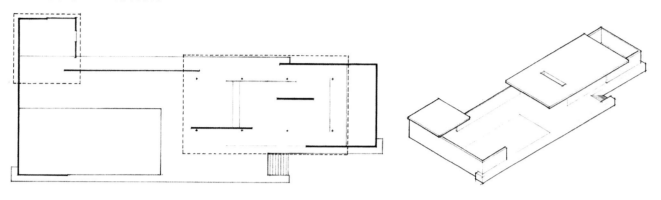

流通分析

· 馆内的流通主要是环绕着玻璃隔墙和水池来实现的。

· 另外还要考虑石灰墙的分布。

· 图中的黄色区域就是主要的活动区域。

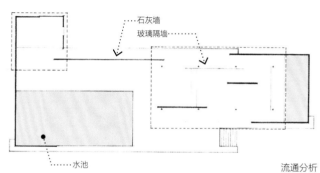

石灰墙
玻璃隔墙
水池
流通分析

垂直封闭

· 屋顶平面图是在垂直空间内区分室内和室外空间的关键。

· 图中的黄色区域代表了有屋顶的室内区域。

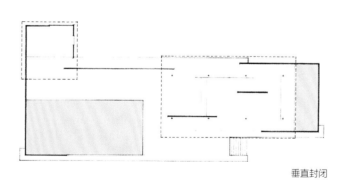

垂直封闭

水平封闭

· 石灰墙将水平空间区分为室内和室外两个区域。

· 图中的黄色区域代表了被实墙包围的区域。

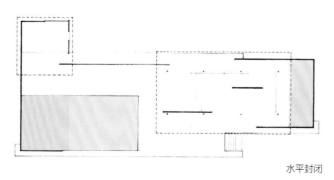

水平封闭

对图样规范的深刻理解对于在平面图中清晰地表现和完善设计理念是至关重要的。下面将介绍各种绘图技巧、术语以及图样规范，以使你对楼层平面图的理解，并增强你绘制清晰易读的楼层平面图的能力。

查尔斯·埃姆斯和雷·埃姆斯

埃姆斯宅邸是25个宅邸案例中的一个。"宅邸研究"是《艺术与建筑》(*Art & Architecture*)杂志进行一个系列主题，主题是测试设计师们是否能用二战期间的建筑技术来建造和装修宅邸。

由道格拉斯·塞德勒绘制

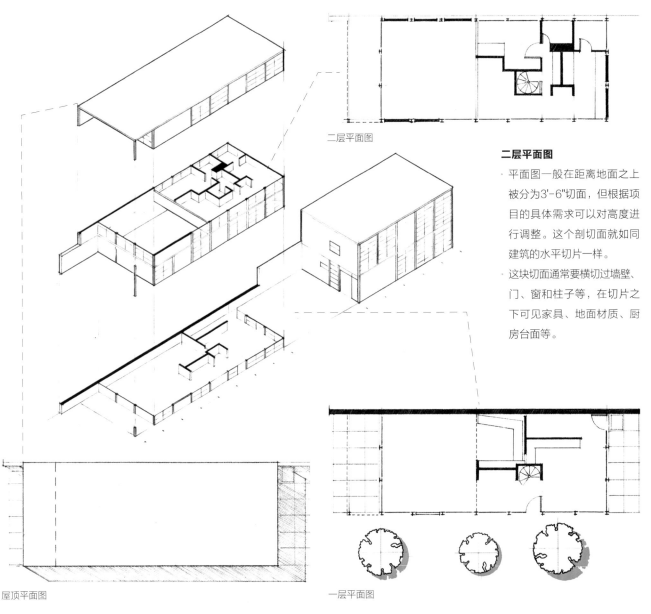

二层平面图

二层平面图

· 平面图一般在距离地面之上被分为3'-6"切面，但根据项目的具体需求可以对高度进行调整。这个剖切面就如同建筑的水平切片一样。

· 这块切面通常要横切过墙壁、门、窗和柱子等，在切片之下可见家具、地面材质、厨房台面等。

屋顶平面图

一层平面图

屋顶平面图

屋顶平面图是从空中俯瞰建筑的视图，图中包含有屋顶上所有可见的物体，也可添加建筑周围的一些风景或城市风光。

· 在立面图中，可用中等线来勾画需要改变的平面或角落。

· 细线一般用于勾画地面或屋顶上的部件。

· 建构线是指非常细的线，一般用于确定整个图稿的绘图范围。

· 虚线用于标示引出屋顶下的主要建筑元素。

一层平面图

· 在平面图中多用粗线勾画出被横切过的部分。

· 家具、台柜或栏杆等用中等线进行勾画。

· 地面样式和表现不同材质间的地势变化用细线进行勾画。

· 建构线用于确定整个图稿的绘图范围。

· 虚线用于标示出剖切面上主要的建筑元素。

· 一层平面图中通常还会绘制出一些建筑周围的景物或城市风光。

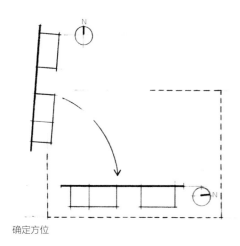

确定方位

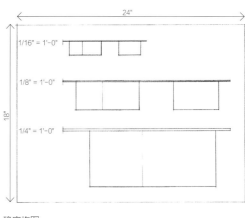

确定构图

画出方位

在开始绘图前，你需要确定平面图的主要方位。

· 如果可以的话，将平面图的上方确定为北方。

· 上图的示例就是将平面图顺时针旋转了90°以适应纸面大小。图中标示出了北方方位。

确定构图

确定构图是在绘图纸上合理安排图稿。开始绘图前，先用建构线确定平面图外部范围。

· 计算平面图的绘图比例，以确定使用多大的绘图纸。绘图比例越大，需要纸就越大。

· 以上图为例，若要用457mm×610mm（18英寸×24英寸）的绘图纸，则⅛"＝1'-0"是最适合的比例。

· 在纸张边缘以及同一张纸上的不同图稿之间留出19mm（¾英寸）~25mm（1英寸）的空白。

· 保证图稿在纸张的中心部位。

在以下是几种不同的平面图绘制方法。重叠法是指将多张描图纸、聚酯薄膜或半透明的牛皮纸重叠在一起，以便摹画出多张图稿。如果你只想在一张纸上绘制和修改你的图稿，建构线法就更适合你。

选择这种方法可以用细线构建起初步的图稿，然后再在此基础上逐步添加图形。

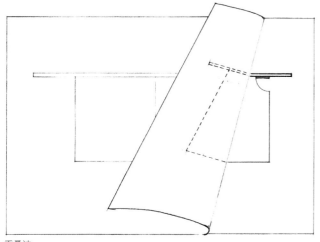

重叠法

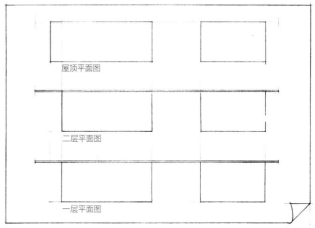

建构线法

重叠法

· 将多张半透明的牛皮纸重叠，以便通过已有图稿摹画出新的图稿。

· 在两张牛皮纸间插入一张白纸以遮住下面图稿，以便观察绘图进度。

· 上图中，二层平面图的基本构图就是通过一层平面图摹画出来的。

建构线法

· 将屋顶平面图、二层平面图和一层平面图按从上到下的顺序排列在同一张纸上。

· 用建构线从上到下添加具体的图形。

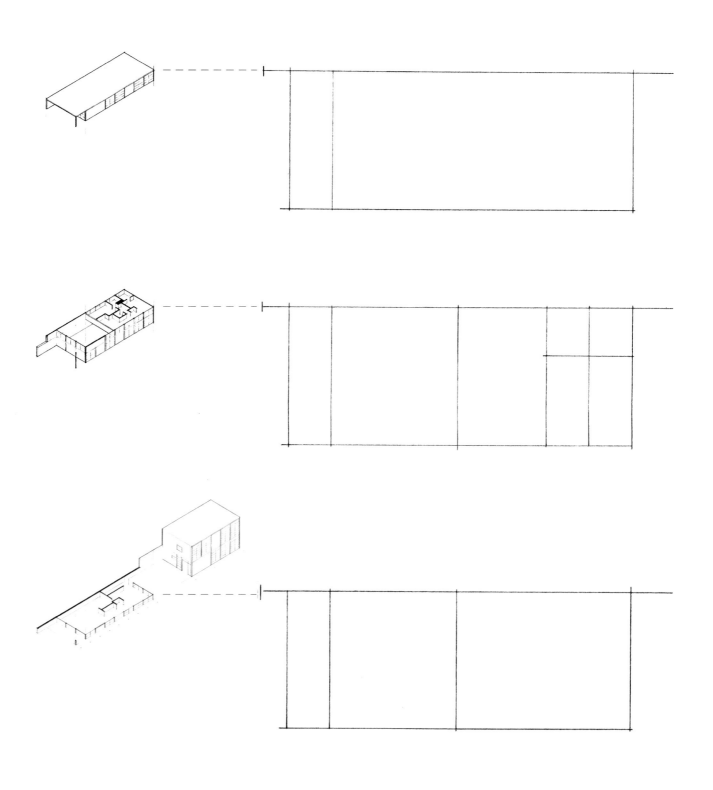

平面图的外部范围和图形

开始绘制新的图稿时，用建构线确定平面图的外部轮廓是至关重要的。

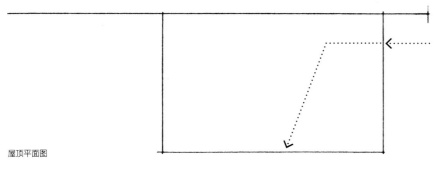

屋顶平面图

屋顶平面图

· 用建构线画出屋顶平面图的主要图形。

· 建构线非常细，所以可用于确定整个图稿的绘图范围。这些线是通过摹画相邻楼层的平面图或者使用建筑尺绘制出来的。

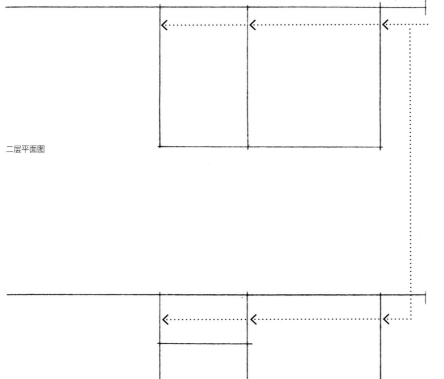

二层平面图

二层平面图

· 你可以用不同楼层的相同图形来构建平面图。例如，左侧屋顶平面图和二层平面图中所有的垂直线都是通过摹画一层平面图得来的。

一层平面图

一层平面图

· 埃姆斯宅邸的隔间是2286mm（7英尺6英寸）宽，6096mm（20英尺）长。这个尺寸用于确定平面图中主要墙壁的位置。

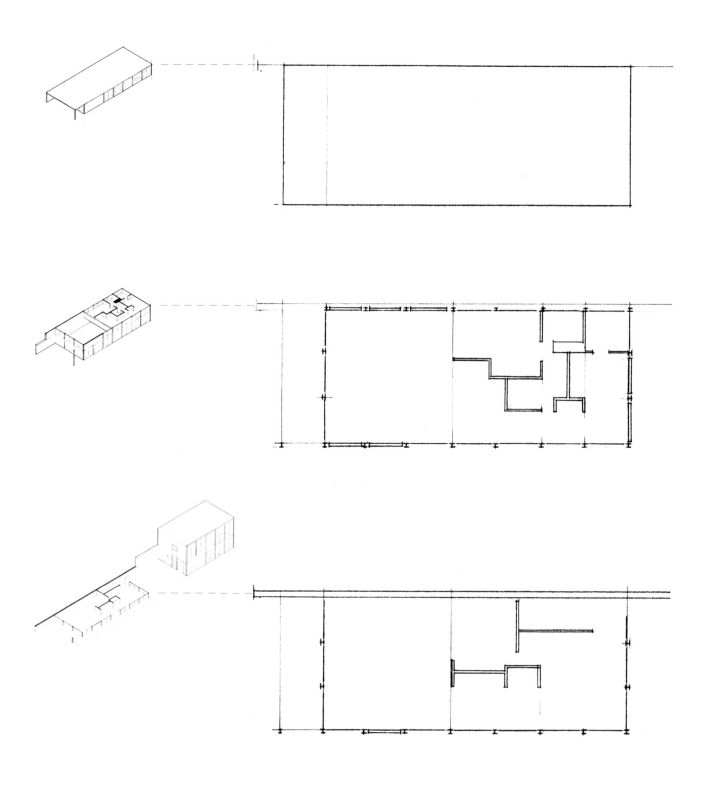

部件的剖面

绘制平面图的第二步就是确定墙壁以及为门和窗户留出的墙壁开口的位置。

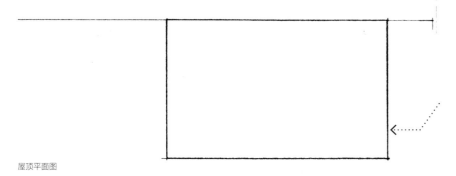

屋顶平面图

屋顶平面图

屋顶往往没有多少部件，所以其平面图中也就没有多少部件剖面，这时只要画出屋顶的边缘范围即可。

· 用中等线标示出屋顶的轮廓。

· 用虚线标示出屋顶下的主要建筑元素。

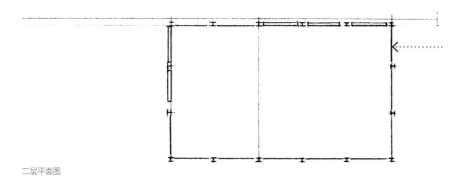

二层平面图

二层平面图

· 用粗线画出所有被横切过的部件剖面，如墙壁、窗户和柱子等。

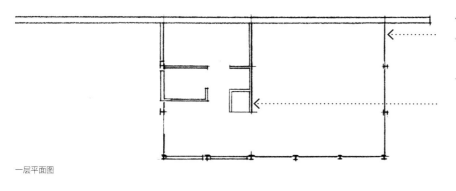

一层平面图

一层平面图

· 在如左图图稿及其他大多数图稿的绘图比例下，窗户开口位置多用一条直线来表示。

· 墙壁的厚度【可随项目和绘图需要变化，一般为152mm（6英寸）或203mm（8英寸）】通常用两条直线来表示，而不是真的画出实心的效果。

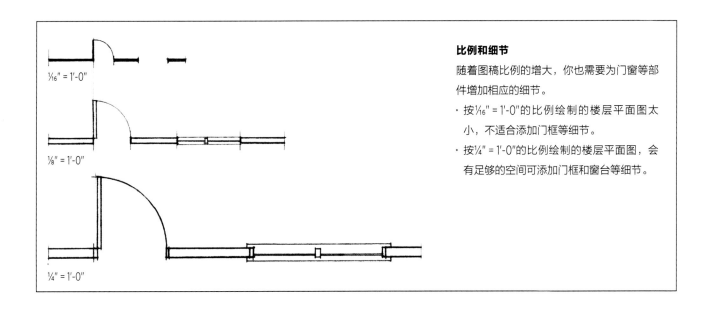

1/16" = 1'-0"

1/8" = 1'-0"

1/4" = 1'-0"

比例和细节

随着图稿比例的增大，你也需要为门窗等部件增加相应的细节。

· 按1/16" = 1'-0"的比例绘制的楼层平面图太小，不适合添加门框等细节。

· 按1/4" = 1'-0"的比例绘制的楼层平面图，会有足够的空间可添加门框和窗台等细节。

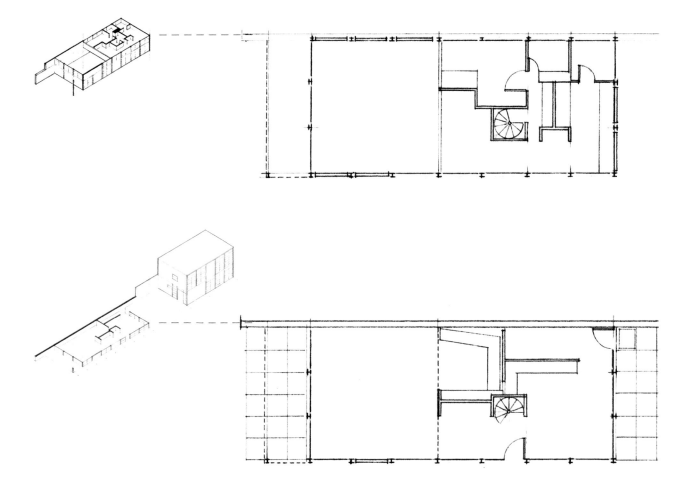

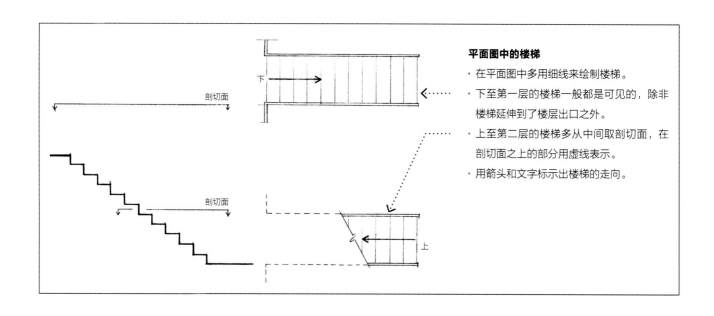

平面图中的楼梯

· 在平面图中多用细线来绘制楼梯。

· 下至第一层的楼梯一般都是可见的，除非楼梯延伸到了楼层出口之外。

· 上至第二层的楼梯多从中间取剖切面，在剖切面之上的部分用虚线表示。

· 用箭头和文字标示出楼梯的走向。

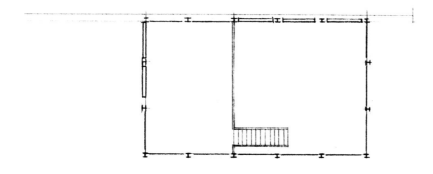

二层平面图

· 以第一层平面图的图样规范作为标准来绘制第二层平面图中的所有可见内容。

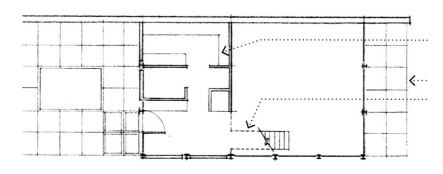

一层平面图

· 运用中等线绘制家具、栏杆以及嵌入式要素等。

· 用细线绘制门和地面样式等。

· 用虚线标示出剖切面上的主要建筑元素。

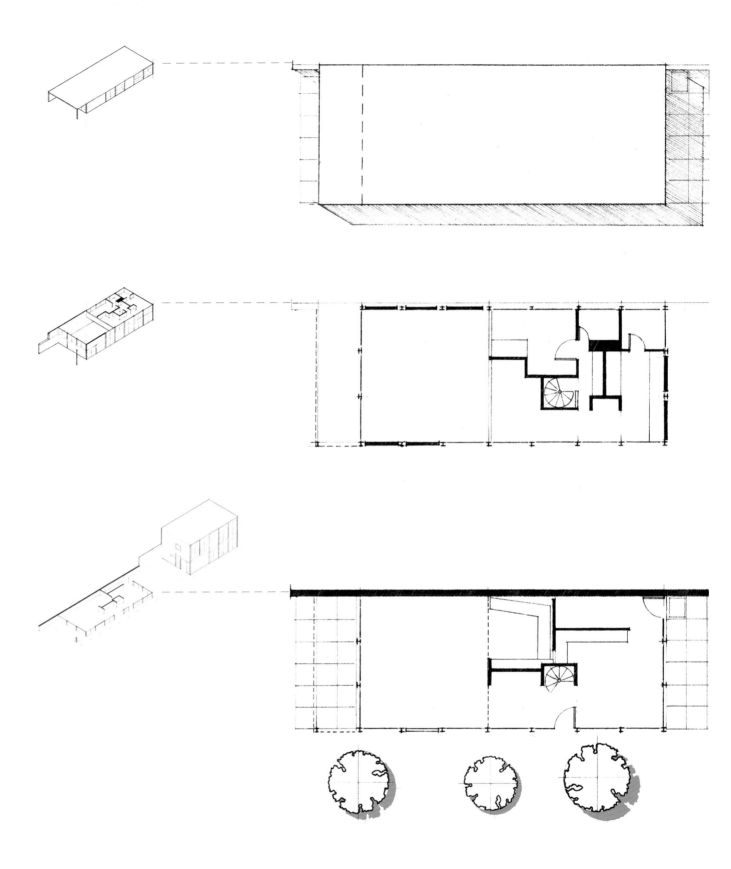

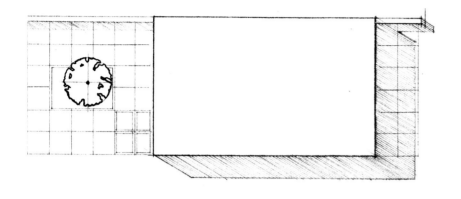

画出阴影

· 阴影一般要根据太阳的常规方位画在建筑的对应面，如太阳常在南边，则阴影画在北面。

· 在左图中，阴影以30°的角度从东南投向西北。

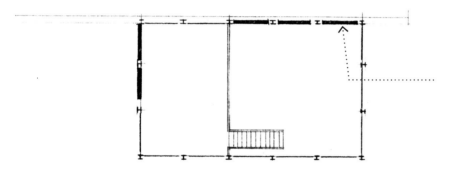

实心墙

为墙壁添加实心效果可以清晰展现空间的虚实对比。

· 实心效果多是用软芯铅笔在纸张的正面或反面绘制得来。

· 灰度效果一般是用多条斜线来表示的，这样可以通过改变斜线的密度呈现出不同的灰度。

· 实心效果在需要远距离展示的演示图中是非常实用的。

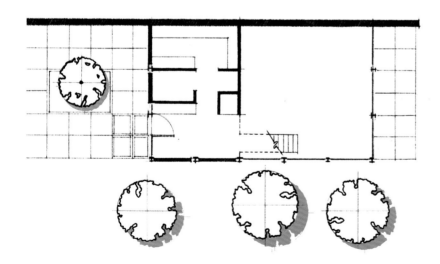

格里特·里特韦尔（Gerrit Rietveld，1888年–1964年）与崔丝·施罗德–施里德夫人（Mrs. Truus Schröder–Schräder）

书桌（1931年）

荷兰乌得勒支市的伊拉斯穆斯兰9号屋（Erasmuslaan 9）是里特韦尔用来展示他设计的家具的样品屋，其中就包括这张书桌。这些家具展现了他的设计是如何逐渐跳出荷兰风格派运动产生的影响并过渡到功能主义的。

由道格拉斯·塞德勒绘制

俯视图

家具设计图有着其独有的命名规则。俯视图是从上方俯视家具或部件的效果图，与平面图有很多相似之处。

· 在家具设计图中多用中等线来勾画物件的轮廓或不同的平面等。

· 细线用于勾画最上方不同的表面材质。

· 建构线（极细线）用于勾勒出图稿的整体外部范围。

· 虚线用于标示家具上方表面之下的主要部件，如柜子或抽屉等。

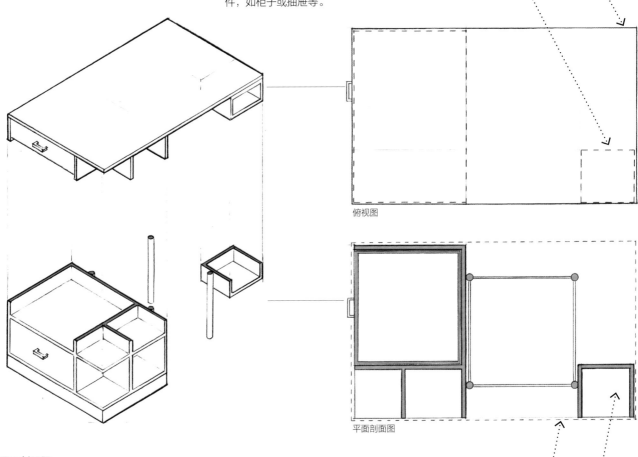

俯视图

平面剖面图

平面剖面图

平面剖面图是家具或零部件水平面上的剖面图。其剖切面就相当于家具或零部件的一片水平切片。

· 剖面图无视材料，不论是木质、玻璃还是其他的建筑材料都可以画出其剖切面。

· 家具的平面剖面图往往需要从多个不同的高度进行绘制。

· 粗线用于勾画剖切面。

· 中等线用于勾画部件的轮廓或平面变化。

· 细线用于勾画可见表面上不同材质变化。

· 建构线（极细线）用于勾勒出图稿的整体外部轮廓。

· 虚线用于标示剖切面之上或下面不可见的主要部件。

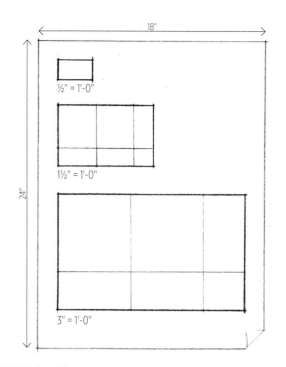

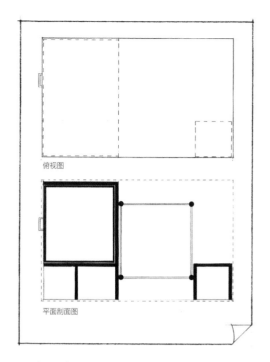

常用比例（上图）

要想在家具设计图中有效地向承包商或制造商展现具体的细节，一般采用下列比例。

- 1½" = 1'-0"
- 3" = 1'-0"
- 上图中½" = 1'-0"比例示意图展示了用最大比例绘制家具时平面图中的效果。

构图（上图）

在开始绘图之前，你应该用建构线在纸上画出图稿的外部轮廓。

- 计算家具平面图的尺寸，以确定用哪一种比例进行绘图。
- 在各边都留出19mm（¾英寸）~25mm（1英寸）的空白。
- 保证图稿在纸张的正中心。

俯视图

家具设计图中的俯视图是从上方俯视家具或部件的效果图。俯视图与楼层平面图有很多相似之处，它们展现了家具的总尺寸并标示了特定的材料。

步骤1

- 选择适合的建筑比例进行绘图。
- 用建构线在绘图纸上确定图稿边缘并画出基本图形。

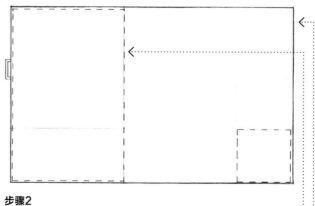

步骤2

- 用中等线画出家具或部件的轮廓。
- 用虚线画出家具上方表面下的主要元素。

平面剖面图

平面剖面图是家具或部件的水平剖面图。选取剖切面的位置时应该取结构信息最完整的部位。

步骤1

· 选择合适的建筑比例进行绘图。

· 用建构线在绘图纸上确定图形边缘并画出基本图形。

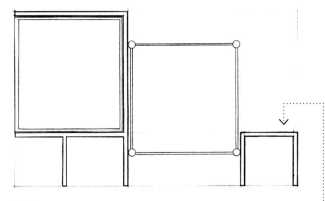

步骤2

· 用粗线画出所有被剖切面横切过的部件，如木料、玻璃和金属等。

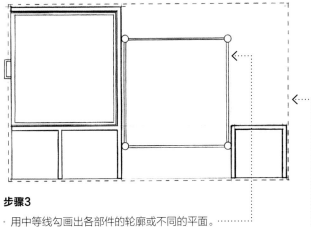

步骤3

· 用中等线勾画出各部件的轮廓或不同的平面。

· 用细线勾画出可见表面的不同材质。

· 用虚线画出剖切面之上或下面不可见的主要部件。

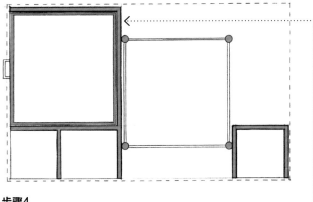

步骤4

· 为被剖切面横切过的部件添加实心效果。

· 在家具设计平面图中，实心填充效果可以帮助你明确各部分空间的虚实。

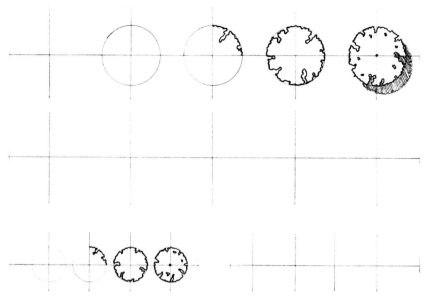

练习：绘制树木

按照下面的步骤徒手在平面图上绘制树木。

· 用圆形图形板选择合适的直径画圆。

· 从圆的任意位置开始，用中等线缓慢地沿着圆画出树木的轮廓。

· 稍错开一点距离再画一个圆，以实现阴影效果。

· 用建构线直接在本页画出五棵大树和四棵小树。

· 用铅笔和钢笔来绘制这些树木。

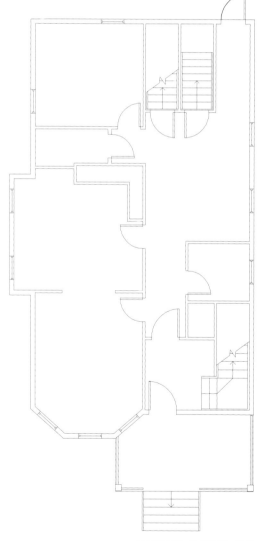

练习：线宽

该练习是为帮助你在平面图中更好地运用不同的线宽表现空间特性。

· 用粗线小心地描画右图中的墙壁。

· 用中等线小心地描画右图中的窗户。

· 用中等线小心地描画右图中的门。

· 用细线为右图中的每个房间添加地面样式。

· 为右图中的墙壁添加实心效果。

楼层平面图　比例为⅛″ = 1′-0″

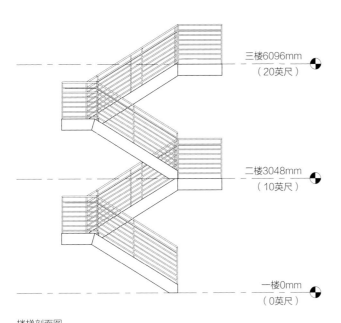

三楼6096mm
（20英尺）

二楼3048mm
（10英尺）

一楼0mm
（0英尺）

楼梯剖面图
比例为⅛″ = 1′-0″

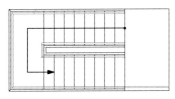

楼梯平面图：三楼
比例为⅛″ = 1′-0″

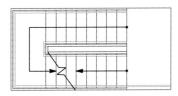

楼梯平面图：二楼
比例为⅛″ = 1′-0″

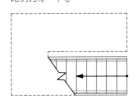

楼梯平面图：一楼
比例为⅛″ = 1′-0″

练习：楼梯

该练习可以帮助你更好地理解平面图中楼梯的走向。

· 通过判断楼梯是从平面图所示的楼层向上还是向下走，用
"上"和"下"为每一幅楼梯平面图标示出楼梯的走向。

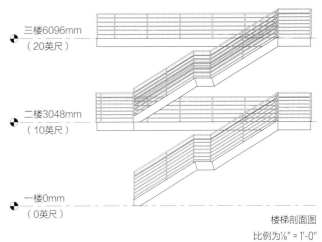

三楼6096mm
（20英尺）

二楼3048mm
（10英尺）

一楼0mm
（0英尺）

楼梯剖面图
比例为⅛″ = 1′-0″

楼梯平面图：三楼
比例为⅛″ = 1′-0″

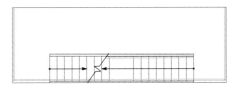

楼梯平面图：二楼
比例为⅛″ = 1′-0″

楼梯平面图：一楼
比例为⅛″ = 1′-0″

Chapter 5

天花布置图

本章将介绍如何运用天花布置图来产生设计理念，并讨论绘制和设计天花板的各方面技术。本章将揭示设计工作室中的学生和导师们所做的工作。设计专业的学生通过对本章内容的学习将会完成从学院水平上升到专业水平的蜕变。

本章通过步骤教学以及天花布置图的案例分析为学生们提供了课堂之外的设计参考材料。

在阅读本章内容的同时，思考下列问题：

· 线宽、实心效果以及色彩等如何作用于平面图中的空间表现？

· 徒手绘图是如何被应用到天花平面图的构思过程中的？

· 怎么运用分析图来客观评价你的设计理念和设计意向？

· 如何同时运用电脑绘图和徒手绘图来进行设计？在不同的设计阶段这两种图稿是否有优劣之别？

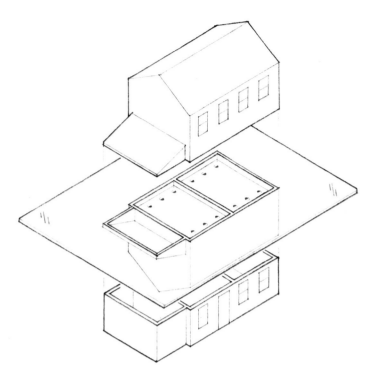

天花布置图是指天花板平面下通常305mm（12英寸）处的虚拟剖面图。这种图的效果就如同你将一面镜子放在剖切面下看到的天花板镜像图一样。

天花布置图是一种二维的图稿，用以呈现建筑或项目中天花板的状况，包括灯光位置、天花板材料以及天花板高度等。

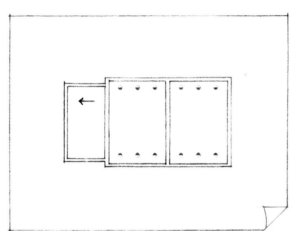

在天花布置图中被"横切"过的部件，如墙壁等，多用超粗线来绘制；门框和窗框等用粗线绘制；灯光装置、暖气、通风系统和空调等用中等线绘制；天花板材料样式，包括吸音吊顶的砖块网格等用细线绘制。

天花布置图的比例可根据项目尺寸而变化，一般采用与楼层平面图相同的比例。

天花布置图-常用符号图例

符号	说明	符号	说明	符号	说明
◑	152mm（6英寸）吸顶灯支架	⊕	洒水器	GWB / 9'-6"	天花板材料及高度
○	152mm（6英寸）吸顶灯	⊗	出口标志		
□	610mm×610mm（24英寸×24英寸）石英灯	⊕	吊灯	⊠	进气通风口
		▽ ▽ ▽ / △	轨道射灯		
▭	610mm×1219mm（24英寸×48英寸）石英灯	▭·	吊顶荧光灯	⊠	出气通风口

绘制天花布置图时的构思

构思过程也被称为概念设计过程，是对多种设计流程进行探索并对每一种流程是否符合设计主旨进行客观评价的过程。天花板的构思过程一般是在项目中段、已在平面图中标示好下列内容后再开始进行：房间位置、房间尺寸以及项目特殊需求等。

· 在天花布置图中，构思过程包含对多种天花板设计方案或选项的探索，实现这一过程需要频繁地在楼层平面图上进行描画。

· 在绘制天花布置图时，一般使用描图纸在现有的楼层平面图上进行绘图，这种做法让设计师可以将设计重点放在天花板材料、灯光等与房间尺寸以及房屋和家具的位置相关联的元素上。

· 图稿的效果会因绘图笔的不同而有所区别，如使用钢笔、铅笔、马克笔和彩色铅笔所绘制出的图稿效果就有很大不同。

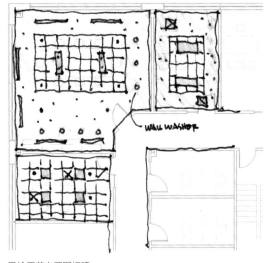

手绘天花布置图初稿

手绘拟稿及电脑软件拟稿

在设计过程中，有时需要创建更为精确的图稿，以便用于制作演示图、向客户进行展示或建立建筑档案等。你可以用绘图板或电脑绘图软件配合不同的线宽和图稿类型将设计草图快速转化为规范的天花布置图。这种图稿更为细致，通常包含很多附加信息，如天花板高度、特征以及尺寸等。

需要注意的是，天花布置图的质量是从图形是否规范、天花板上各项设备的规划是否合理来判断的。粗略的手绘草图最适合用于探索、改进和加强这些设计。手绘或电脑软件拟稿则最有利于保证图稿的精准性以及用于演示或留档的可沿用性。

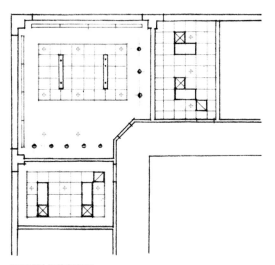

徒手拟绘天花布置图

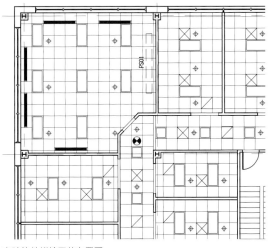

电脑软件拟绘天花布置图

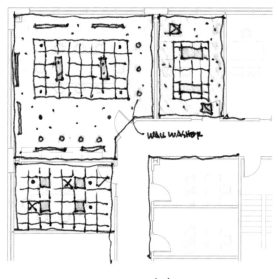

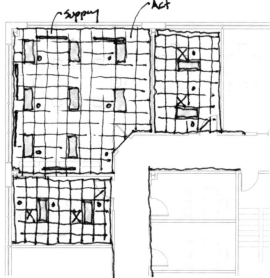

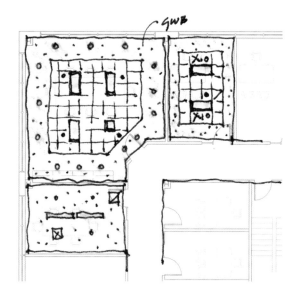

多种设计方案

左侧图呈现了三种不同的天花布置图方案，是为一幢写字楼内的一间会议室以及相邻的两间办公室设计的不同的灯光配置方案。

· 每一张图稿都是用描图纸和钢笔根据现有的楼层平面图描画出来的。

· 黄色区域代表灯光设备的所在位置。

· 每一套方案使用的都是不同的天花板材料布置系统，包括砖瓦吊顶以及喷绘石膏墙板等。

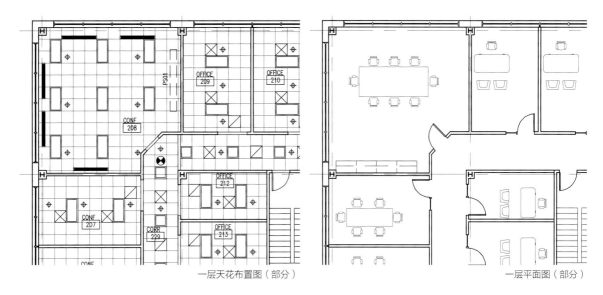

一层天花布置图（部分）　　　　一层平面图（部分）

在设计公司中，由于天花布置图多是在项目中的手绘图稿被转化为电脑绘制图稿之后才进行绘制的，所以一般也是用电脑绘图软件绘制的。

· 电脑软件拟绘和徒手拟绘的天花布置图都是在楼层平面图的基础上进行绘制的。

· 这两种天花布置图都是按照墙壁、天花板砖瓦、灯光设备以及采暖通风与空调设备的顺序进行绘制的。

· 这两种天花布置图使用的线宽相同，其中的绘图符号也非常相似。

· 由于天花布置图中需要重复绘制的元素很多，所以用电脑软件来绘制往往比徒手绘制要快，而且也更容易保存，不至于在修改图稿的过程中丢失原有的信息。

一层天花布置图

希瑟·格雷

萨福克大学新英格兰艺术设计学院
企业天花布置图建档工作室

绘制天花布置图

对建筑图样规范的深刻理解对于在天花布置图中清晰表现和完善设计理念是至关重要的。本章接下来的内容将会介绍天花布置图的绘图技巧、术语以及图样规范等，以加深你对天花布置图的理解，并提升你绘制清晰易读的天花布置图的能力。

绘制天花布置图有两种主要的方法。一种就是重叠法，即用多张描图纸、聚酯薄膜或牛皮纸盖在楼层平面图上进行描画。另一种就是建构线法，如果你想在一张纸上同时呈现平面图和天花布置图，就需要用到这种方法。建构线法是指用极细的线在绘图纸中的平面图上方画出与地面相对应的天花板图形。

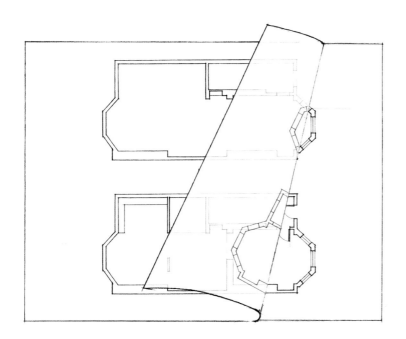

重叠法

· 用半透明的牛皮纸覆盖在平面图上以创建新的天花布置图。

· 在平面图和牛皮纸之间插入一张白纸可用于遮盖平面图以便观察绘图进度。

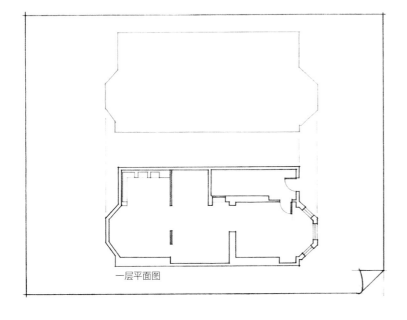

一层平面图

建构线法

· 在同一张纸上安排好平面图与天花布置图的位置，将平面图置于天花布置图下方。

· 用极细的线根据平面图来绘制天花布置图中的图形。

弗兰克·劳埃德·赖特（Frank Lloyd Wright，1867年-1959年）
乔治·福贝克（George Furbeck）宅邸（建于1897年）
由道格拉斯·塞德勒绘制

确定构图

好的构图要对同一张纸的多幅图稿有合理的布局。在开始绘图之前，先用建构线确定平面图
的绘图轮廓。

· 如果你需要把多个楼层的平面图都安排在
  一张纸上，那么你可以用重叠法在另一张
  纸上绘制天花布置图。在进行演示的时
  候，把这两张纸并排以进行展示。

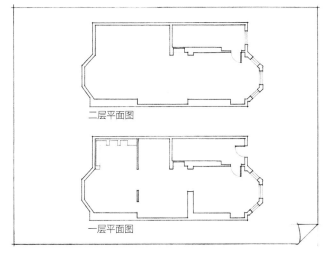

· 如果你只需要绘制一个楼层的平面图，那
  么你就可以用建构线法将天花布置图画在
  平面图上方。

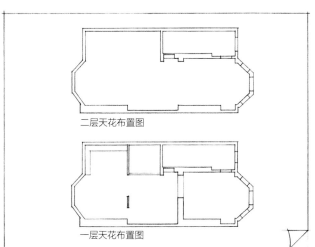

· 在各边都留出19mm（¾英寸）~25mm
  （1英寸）的空白。

· 保证图稿在纸张的中央位置。

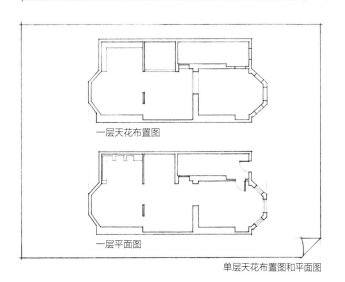

单层天花布置图和平面图

绘制天花布置图

按照绘制住宅天花布置图的步骤1和步骤2的指示完成了基本的绘制后，现在来看一下绘制一张典型的天花布置图所需的最后一步，如下图所示。

· 对于小的住宅项目可以将天花布置图合并在楼层平面图中。

· 对于大的住宅项目以及复杂天花板设计的项目则要将天花布置图和平面图分成两张图稿进行绘制。

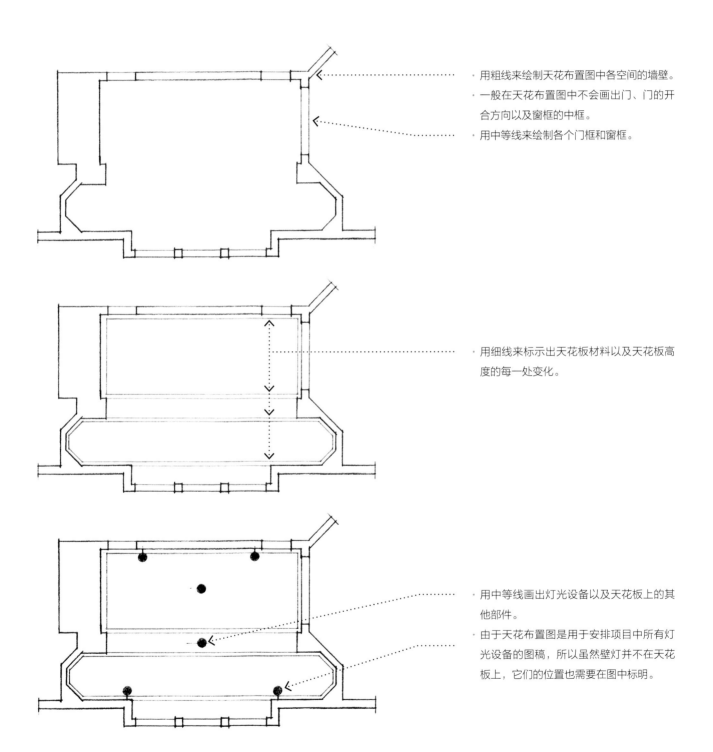

· 用粗线来绘制天花布置图中各空间的墙壁。

· 一般在天花布置图中不会画出门、门的开合方向以及窗框的中框。

· 用中等线来绘制各个门框和窗框。

· 用细线来标示出天花板材料以及天花板高度的每一处变化。

· 用中等线画出灯光设备以及天花板上的其他部件。

· 由于天花布置图是用于安排项目中所有灯光设备的图稿，所以虽然壁灯并不在天花板上，它们的位置也需要在图中标明。

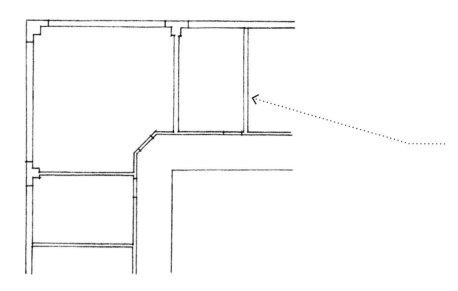

绘制天花布置图

左侧的例图展示了绘制一张新的典型企业天花布置图所需的步骤。在绘制的过程中应该要有对应部位的分解平面图，以便确定各空间中墙壁的位置。

· 用粗线来绘制天花布置图中各个空间内的墙壁、门框和窗框。

· 在天花布置图中一般不画出门、门的开合方向以及窗框的中框。

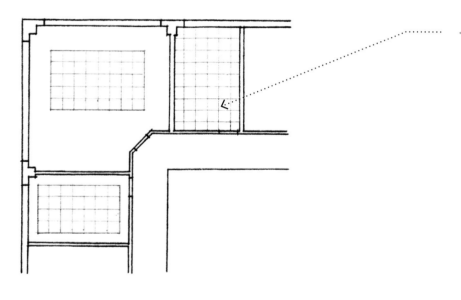

· 用细线展示天花板材料并确定吸音吊顶的砖块尺寸和位置。

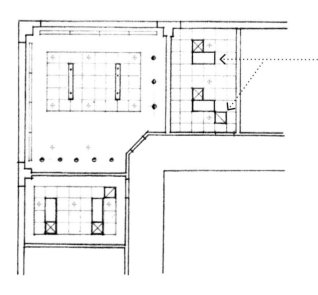

· 用中等线画出灯光设备、暖气通风与空调设备中的进气通风口和出气通风口，以及天花板上的其他部件。

· "HVAC"是暖气通风与空调设备（Heating, Ventilating and Air Conditioning）的简称，用于指称建筑中的供暖、通风及制冷设备。

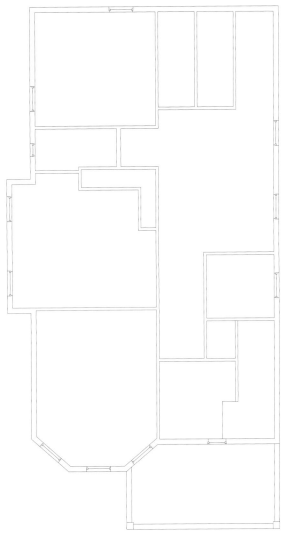

天花布置图
比例为⅛" = 1'-0"（⅛英寸 = 1英尺）

练习：线宽

该练习可以帮助你更好地理解如何用不同的线宽来表现天花布置图中的空间比例。

· 用粗线小心地描画左图中所有的墙壁。

· 用描图纸创建这张图的灯光方案图。

· 你的灯光设计应该包含直接和间接的光源。

· 用中等线在灯光方案图中画出天花板上各灯光设备的位置。

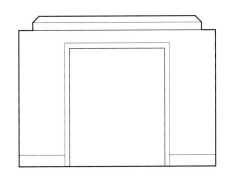

练习：绘制天花布置图

该练习是可以帮助你更好地理解如何根据平面图、剖面图或立面图来创建天花布置图。

· 根据房间的立面图创建天花布置图。

· 用粗线小心地描画右图中的墙壁。

· 用描图纸创建包含直接和间接光源的灯光方案图。

· 用中等线在灯光方案图中画出天花板上各灯光设备的位置。

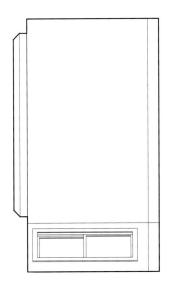

天花布置图
比例为¼" = 1'-0"

Chapter **6**

剖面图

本章将会介绍表现力最强的二维设计图稿类型——剖面图，并将揭示设计工作室中的学生和导师们所做的工作面：用二维图稿表现三维构思。

本章将通过步骤教学以及天花布置图的案例分析为学生们提供课堂之外的设计参考材料。

由于每个学校的教学方法不同，你也许从一开始就习惯将剖面图作为一种设计工具使用，又或者在经历过表达设计结构以及构建模型理念之后才意识到剖面图的重要性。不管你在哪一个设计阶段开始使用剖面图，它都是完善和明确你的设计构思及理念的重要工具。

在阅读本章内容的同时，思考下列问题：

· 如何在学习以及实践的过程中运用徒手绘图探索、完善和表达设计理念？

· 构建剖面图需要用到哪些基础图稿类型？

· 剖面图在设计过程中有哪些作用？

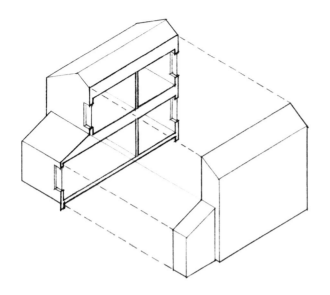

剖面图是整个建筑或建筑内一系列相邻房间的垂直剖切面视图。这个剖切面往往会将室外的一些元素也包含进去，如人行道、道路、景观等。

剖面图是一种二维图稿，用于表现建筑或整个项目的空间状况，包括相邻空间的相互关系。剖面图的取位应该横切过建筑内各个主要的空间，并且应该取最能表现建筑特性的方向。

在剖面图中被剖切面横切过的结构部件，如地板和墙壁等要用粗线绘制。同时需要为这些部件添加实心效果，以表现出空间内的虚实关系。地面一般用超粗线绘制。室内和室外的各个可见表面用相应空间立面图中的对应线宽来绘制。

剖面图的常用比例为⅛″ = 1'-0″或¼″ = 1'-0″。

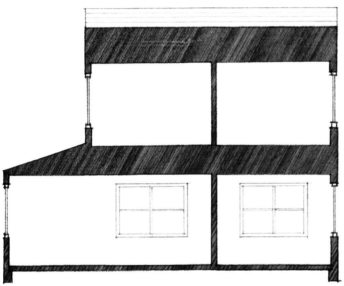

构建线（4H）

表面样式和结合线/细线（2H）

部件轮廓及边缘线/中等线（HB）

剖切线/粗线（2B）

隐藏部件/虚线（HB）

线宽

设计师们会用清晰可读的线在二维的剖面图中呈现出三维的建筑空间。

· 在进行徒手绘图时，可以通过更换不同粗细的铅芯/铅笔/钢笔以及控制下笔的轻重来调整线宽。

手绘剖面图的构思

当要绘制的剖面图是完整的个体时，而非一系列图稿中的一部分，一般要根据总体的比例、尺寸来进行绘制，并在绘制的过程中逐步完善和细化，以表现表面材质、天花板状况以及门、窗等墙壁开口的位置。

剖面图的初稿一般是用徒手绘制的草图，在绘图的过程中要与建筑基地的实际状况、楼层平面图联系起来，用于明确比例和尺寸的规划，以及确定图稿中各个空间内主要部件设备的布局。

剖面图的构思过程可通过快速绘制多幅细致的草图来完成。虽然是草图，但也应该按比例并使用适当的线宽进行绘制。

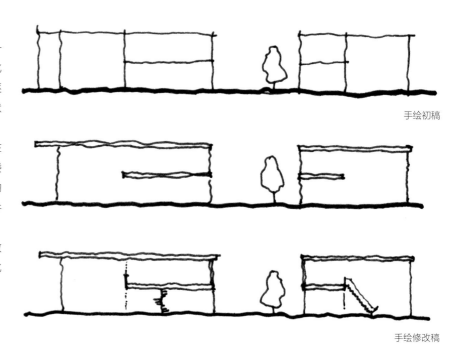

手绘初稿

手绘修改稿

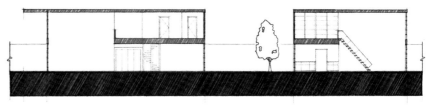

徒手拟绘剖面图

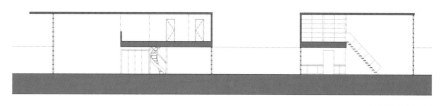

电脑拟绘剖面图

手绘拟稿和电脑软件拟稿

在设计过程中，有时你会需要创建更为精确的图稿用于方案演示、向客户展示或建立设计图档案。用绘图板或电脑绘图软件可以快速地将手绘图中的设计转化为电脑绘制的剖面图，同时保持手绘图中各处的线宽不变。这些更为精准的图稿可以展示多方面的信息，如材质样式、比例、特征、以及尺寸等。

需要注意的是，剖面图的质量是以其是否精准、是否符合设计主旨来衡量的。粗略的手绘图更适合用于探索、完善和加强你的设计；而用数字图可以更高效地保证图稿的准确性以及用于演示或存档的可沿用性。

查尔斯·埃姆斯和雷·埃姆斯
埃姆斯宅邸
由道格拉斯·塞德勒绘制

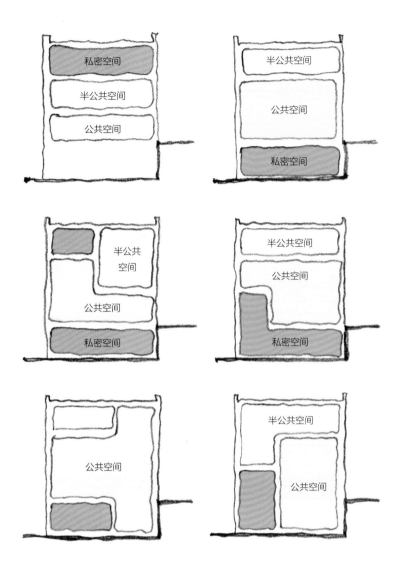

垂直空间规划

构思过程也被称为概念设计过程，是探索多种设计流程并客观评价每一种设计方案是否符合设计主旨的过程。

· 以剖面图的形式来绘制多种小规模的方案草图是最快速有效的构思方式。

· 每种设计解决方案都应该以针对主要建筑的空间关系进行的缜密调查为基础。

· 对于一栋单体建筑，设计师们往往会用速写剖面图来研究其结构以及流通。根据绘图笔的不同，图稿的效果也不同，如用炭笔、马克笔、铅笔和水彩画出的图稿效果就有很大的区别。

· 左侧的例图展示了6种方案，分别代表了对一栋4层建筑内私密空间、半公共空间和公共空间的6种垂直规划。

· 一些设计流程要求把建筑内的私密空间和公共空间在垂直方向上划分开。在这种情况下，公共空间一般更靠近人行道和公共出入口。

· 其他的一些设计流程会把前门设为公共出入口，后门设为私人出入口。

· 下方的剖面图被用作逐层绘图时的底图使用。这种图有助于展示公共空间和私人空间的范围。在最终方案确定后，会根据方案对图稿进行修改。

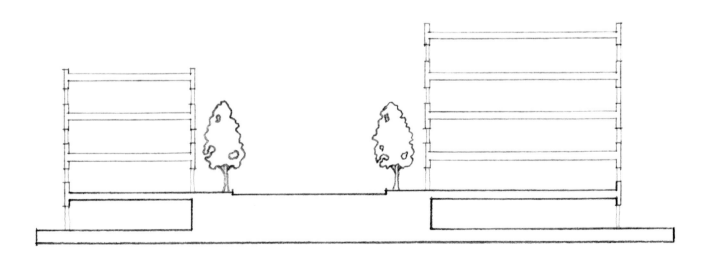

剖面图中的城市规划

传统建筑在占地或用途方面的考虑是比较单一的。美国的很多城市都有大片的商业区，由于商业活动往往只在白天进行，所以这些街区在晚上可以说是荒废的"无人区"。

· 在右图中，公共剧院和餐厅被建在一栋商业大厦周围，晚上和周末时间这两个地方基本上很少有人。

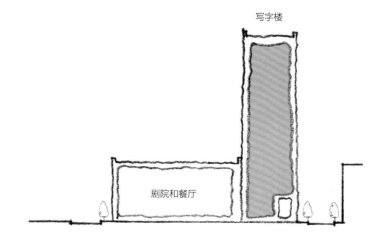

综合性城市规划

综合性建筑把城市空间划分了多种不同的功能，以创造即时性的城市景观。

· 在右图中，公共剧院、餐厅和商店被建在最接近人行道的建筑底层。
· 公寓和办公室等私人空间则被建在这些公共空间之上。

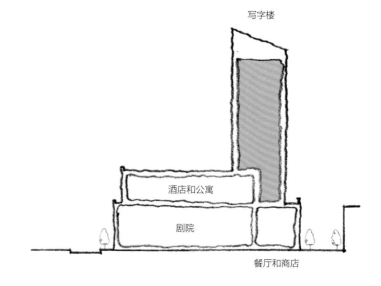

水平城市规划

很多城市和城郊风景区的商业大厦都集中坐落于一条街道中，而旁边街道的建筑则都是住宅楼。

· 下面的剖面图展示了美国马萨诸塞州波士顿市的后湾街区，图中用蓝色和黄色标示了从住宅区到商业区的过渡。

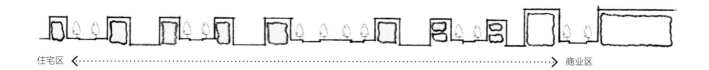

住宅区 ◀ ·· ▶ 商业区

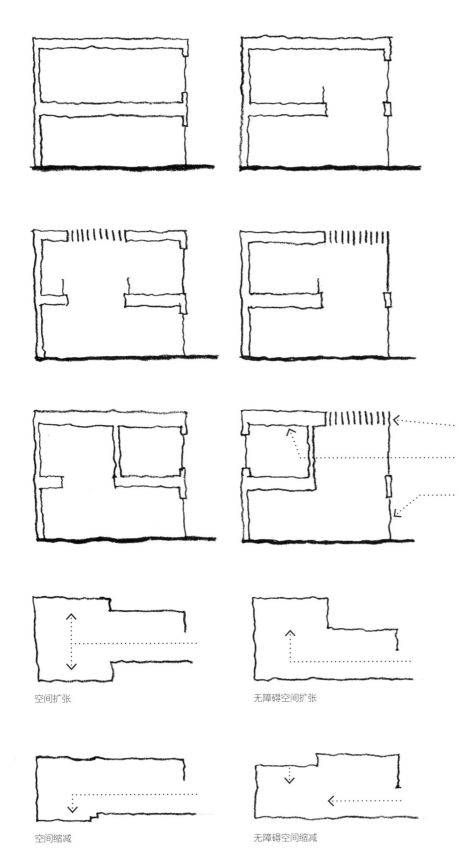

空间扩张

无障碍空间扩张

空间缩减

无障碍空间缩减

规划室内空间

通过剖面图可以检查项目中垂直空间的相互关系。左侧的剖面图展示了为一间两层楼的零售店做出的6种空间规划。

楼梯口的位置和尺寸会影响人们对室内环境的空间体验。设计师们往往通过把楼梯口设置在现有的天窗之下或在已有的楼梯口上方规划一面天窗来扩大室内的垂直空间。

这些图同样探究了材料的应用以及空间内部的流通特征。

· 半透明的天窗用多条垂直线表示。

· 实墙和天花板用双实线表示。

· 玻璃墙用单实线表示。

无障碍设计

现在美国对于建筑中易流通性的规定非常严格，其中包括要为残疾人设计无障碍通道。在设计具体的无障碍通道之前，设计师在规划空间时就要考虑到设计是否满足无障碍需求。通过调整楼层空间关系和天花板设置，设计师可以创造出一套适用于所有空间规划的模板。

左侧的四幅图展示了从地面或上方空间依次进行的空间规划。

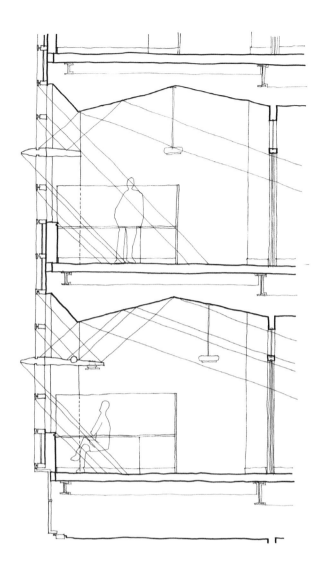
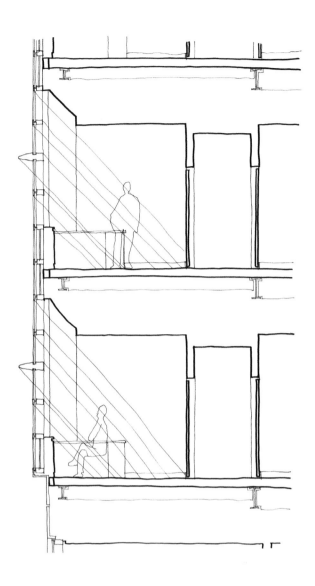

克里斯托弗·安吉拉凯斯
日光分析图
剑桥建筑资源中心

上图是室内阳光反射分析图。左边的剖面图是一间需要将阳光反射到室内以提高亮度的办公室；而右边的剖面图则是一间不需要阳光反射的办公室。

这些概念剖面图用于在项目早期向客户展示设计方案。我们的目标是绘制出清晰的图稿以便客户更好地理解阳光反射的路径以及产生阴影的区域。

——克里斯托弗·安吉拉凯斯

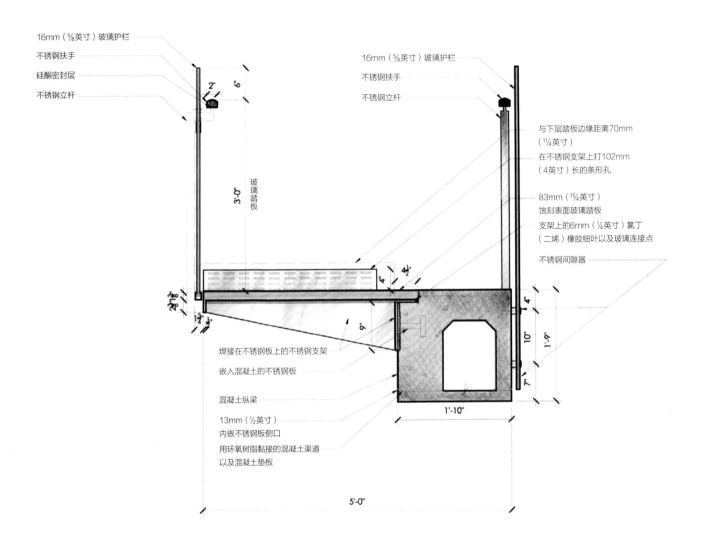

16mm（⅝英寸）玻璃护栏

不锈钢扶手

硅酮密封层

不锈钢立杆

16mm（⅝英寸）玻璃护栏

不锈钢扶手

不锈钢立杆

玻璃踏板

3'-0"

2"

6"

4½"

4"

9"

与下层踏板边缘距离70mm
（1¼英寸）

在不锈钢支架上打102mm
（4英寸）长的条形孔

83mm（1¼英寸）
蚀刻表面玻璃踏板

支架上的6mm（¼英寸）氯丁
（二烯）橡胶细叶以及玻璃连接点

不锈钢间隙器

4"

10"

7"

1'-9"

1'-10"

焊接在不锈钢板上的不锈钢支架

嵌入混凝土的不锈钢板

混凝土纵梁

13mm（½英寸）
内嵌不锈钢板侧口

用环氧树脂黏接的混凝土渠道
以及混凝土垫板

5'-0"

西娅拉·兰利

楼梯剖面图

萨福克大学新英格兰艺术设计学院

高级材料技术工作室

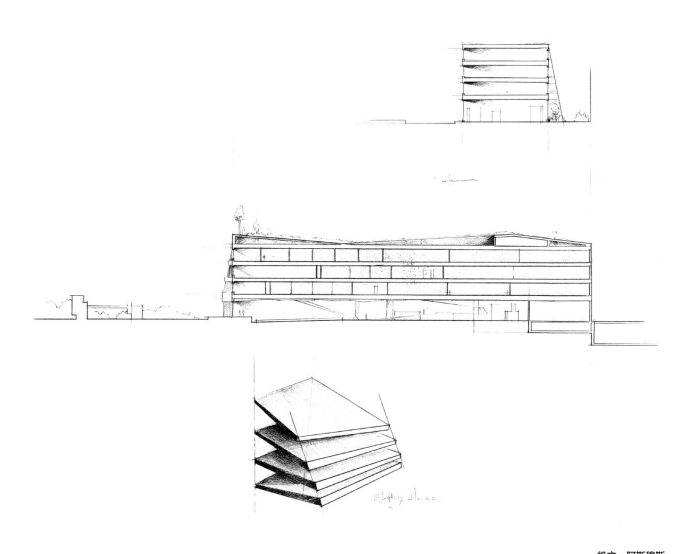

凯文·阿斯穆斯
框架设计剖面图
波士顿建筑大学学位项目工作室

设计剖面图

早期的基础项目，例如边长为229mm（9英寸）的方块，是在模型基础上发展的，之后才发展为剖面图。剖面图就是方块模型的某一个剖切面，这个剖切面通常与方块的某一个面平行。

运用剖面图可以直观地展现项目中的室内空间关系。

· 要想根据等视图全面地掌握室内的空间状况是比较困难的。

· 下方的这些剖面图更准确地展示了方块模型中的室内空间。

· 将左下的铰接剖面图中的空间状况与右下的等视图进行比较。

剖面图可以提供更多的信息，并可用于明确和完善你的项目设计。

· 在绘制剖面图时，要对图稿中的空间状况进行评估。将评估结果与你的原始设计意图进行比较，并将比较结果纳入到建立模型或陈述概念的过程中。

· 早期的设计工作室大多会反复绘制剖面图来不断完善项目的设计。也就是说，在较早的阶段绘制的剖面图并不需要与建筑模型进行精确的匹配，从而就有较大的设计空间，通过在此阶段提升设计质量就可以提升项目的整体水平。

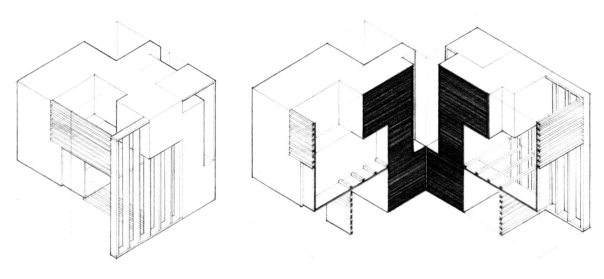

绘制剖面图

对建筑图样规范有一个深刻理解对于在剖面图中清晰地表达和完善设计理念是至关重要的。本章下面的内容将会介绍剖面图的绘制技巧、术语以及图样规范，以帮助你更好地理解剖面图，并提升你绘制清晰可读的剖面图的能力。

根据设计模型创建剖面图

在基础设计工作室，根据物理模型绘制同比例剖面图是非常常见的。

· 用建筑尺或绘图尺测量你的模型尺寸，按照这个尺寸用1:1的比例创建剖面图。在模型中宽度为76mm（3英寸）的部件在剖面图中的宽度也应该有76mm。

· 右图中的方块模型宽度为229mm（9英寸），所以剖面图中的方块的宽度也应该是229mm。

· 绘图时要在各边都留出适当的空白，并小心谨慎地在纸上进行绘制。

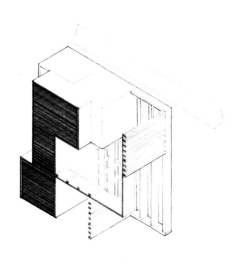

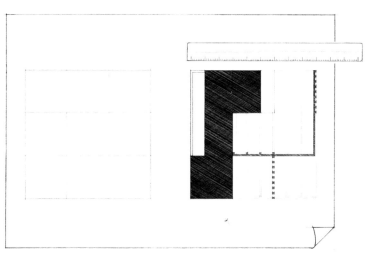

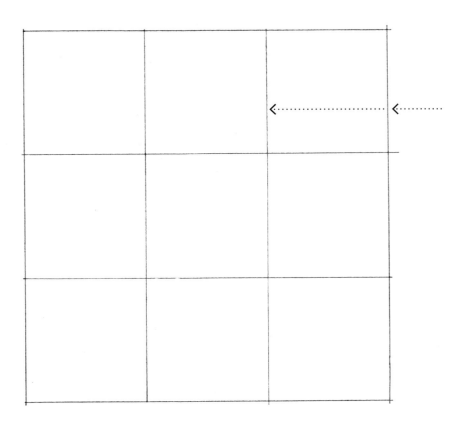

边缘和图形

在开始绘制一张新的剖面图时，注意一定要先用建构线确定图稿的边缘范围。

· 用建构线勾画出模型中的主要图形。

· 左图中229mm×229mm（9英寸×9英寸）的正方形被划分为9个边长为76mm（3英寸）的小方格。

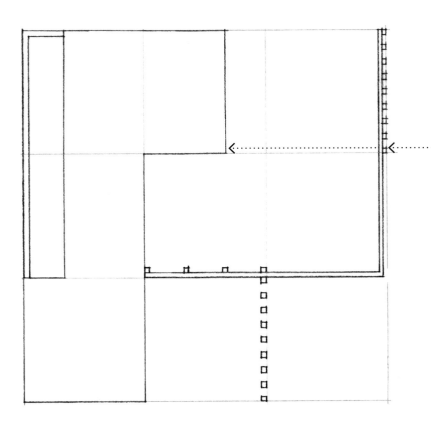

横切部件

绘制剖面图的第三步是画出所有被"横切"过的部件的轮廓。

· 用粗线画出所有被"横切"过的部件。

· 在模型中，各部件一般用空的纸板箱、瓦楞纸箱或泡沫板来搭建。在剖面图中，不管这些部件实际上是否是空心的，都画成实心的。

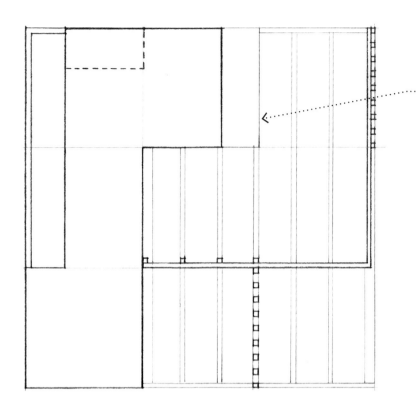

立面图中的部件

绘制剖面图的第四步就是将立面图中所有的可见部件在剖面图中表示出来。

· 用中等线绘制这些立面图中可见的部件的轮廓。

· 用细线画出立面图中可见的不同材质之间的连接处以及表面样式。

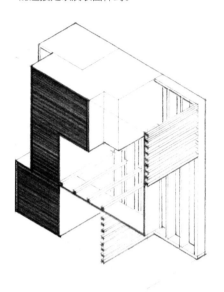

实心效果

绘制剖面图的最后一步是为图稿中被"横切"过的部件添加实心效果。通过实心效果可区分开空间内的虚实区域，从而更好地表现空间关系。

· 用软芯铅笔在绘图纸的正面或背面画出实心黑色效果。

· 用数条斜线画出灰度效果。通过变换斜线的密度可以画出不同程度的灰度，以表现不同的实心效果。

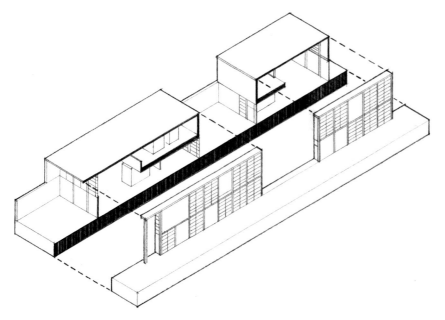

建筑剖面图

建筑剖面图用于直观地展现设计项目中的室内空间关系。根据各个项目及设计过程的不同，这些演示图稿的完成阶段也不同。可能是在开始阶段、中间阶段，也可能是在项目的尾声阶段。

· 建筑剖面图中所取的剖切面应该包含主要的建筑元素，如门、窗以及其他室内墙壁开口。

· 建筑剖面图的剖切面不能"横切"室内或室外的立柱。

· 剖面图中的剖切面一般是与外墙平行的。

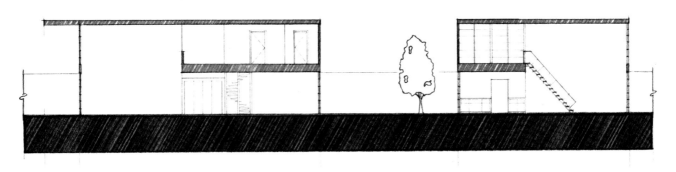

查尔斯·埃姆斯和雷·埃姆斯
埃姆斯宅邸
由道格拉斯·塞德勒绘制

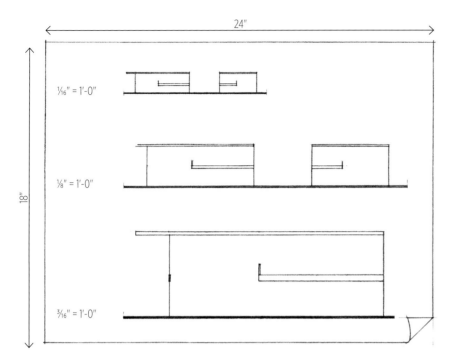

绘图比例

计算出你的剖面图尺寸，以决定用多大的绘图纸进行绘图。大比例的剖面图会占据纸面较大面积。

· 从左图中可以看出，⅛″ = 1′-0″是在457mm×610mm（18英寸×24英寸）的纸张上绘图时最适合选用的比例。

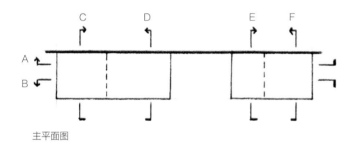

主平面图

确定构图

确定构图就是要将各个部件合理地安排在图稿中。在开始绘制新的图稿之前，应该先用建构线确定图稿的边缘范围。

· 在同一排剖面图中，地面应该是连续的。如果地面有高低变化，剖面图的水平基线也应该随之而变化。

· 在图稿及各边角间都留出19mm（¾英寸）~25mm（1英寸）的空白。

· 在同一张纸上的不同图稿间也留出19mm（¾英寸）~25mm（1英寸）的空白。

· 将主平面图中剖面图的位置与绘制出的剖面图进行比较。

剖面图A

剖面图B

剖面图C　　　剖面图D　　　剖面图E　　　剖面图F

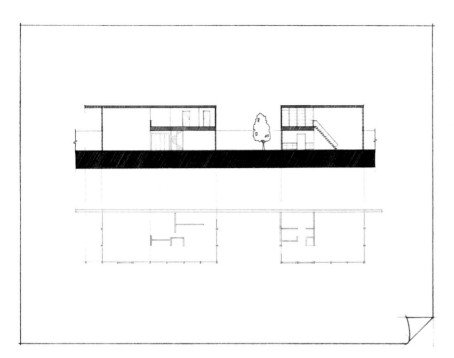

建构线法

· 大部分剖面图都是根据楼层平面图绘制的，并且与楼层平面图绘制在同一张纸上。

· 根据楼层平面图用极细的建构线画出剖面图中水平线上的几何图形。

· 用建筑尺来测量建筑剖面图中的垂直距离。

边缘和图形

在开始绘制新的剖面图时，先用建构线确定图稿的边缘范围是非常重要的。

· 用建构线画出项目中的主要图形。

· 下图中的图形是根据同一项目的楼层平面图创建的。

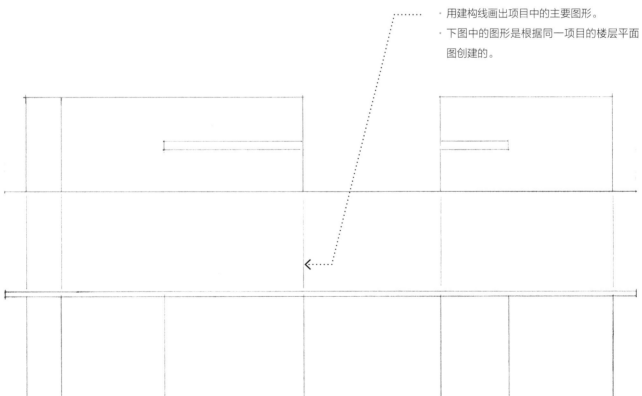

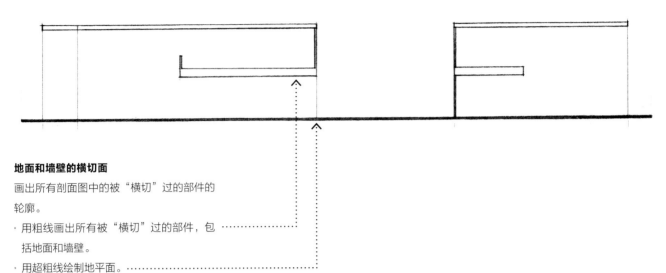

地面和墙壁的横切面

画出所有剖面图中的被"横切"过的部件的轮廓。

· 用粗线画出所有被"横切"过的部件，包括地面和墙壁。

· 用超粗线绘制地平面。

· 在剖面图中区别表示墙壁和天花板的厚度是非常重要的。在大多数建筑中，墙壁的厚度在102mm（4英寸）~254mm（10英寸）之间；地面到天花板的高度在254mm（10英寸）~610mm（24英寸）之间。

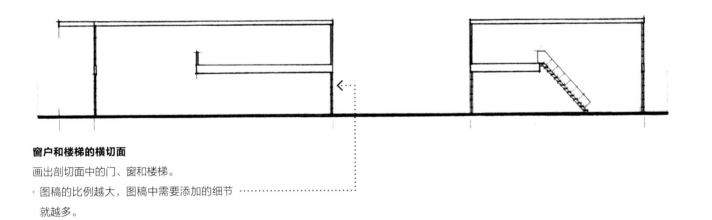

窗户和楼梯的横切面

画出剖切面中的门、窗和楼梯。

· 图稿的比例越大，图稿中需要添加的细节就越多。

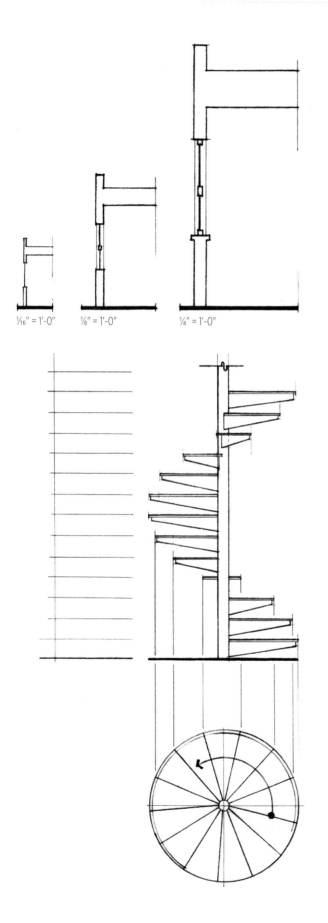

$\frac{1}{16}'' = 1'\text{-}0''$ $\frac{1}{8}'' = 1'\text{-}0''$ $\frac{1}{4}'' = 1'\text{-}0''$

比例和细节

剖面图的信息量（细节数量）与图稿的比例选择有直接关系。大比例的图稿就需要添加更多的建筑细节，而小比例的图稿则不需要添加那么多细节。

创建复合图形

复杂的图形，如左图中的旋转楼梯，可用现有的平面图和立面图进行创建。但是这种方法只有在你知道这些形状在平面图中的图形效果及其垂直方向上的高度时才可用。

· 用立面图来确定楼梯每块踏板的位置，并将其标示在剖面图旁边，此时就可确定楼梯的垂直高度。

· 用中等线画出楼梯的中心柱。

· 用楼层平面图来确定剖面图中每块踏板的边角位置。

· 用建构线将平面图中的每块踏板与立面图中最顶端的踏板连接起来。

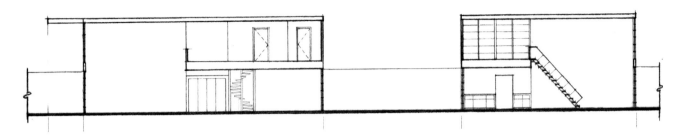

立面图中的部件

画出立面图中可见的部件，包括门、窗等。

· 用中等线画出所有立面图中可见的部件的
  轮廓。

· 用细线画出表面样式以及立面图中可见的
  不同材质之间的连接处。

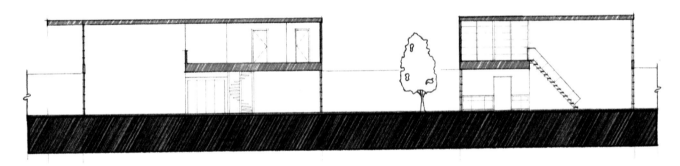

实心效果

为墙壁、地面和天花板添加实心效果以进一
步表现空间状况。这种实心效果可以展现项
目中的空间虚实。

· 用软芯铅笔在纸张的正面或背面添加黑色
  实心效果。

· 用多条斜线添加灰度效果。通过改变斜线
  的密度可创造出不同深浅的灰度，以表现
  不同的实心效果。

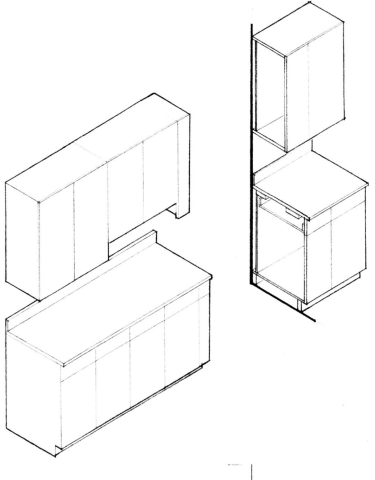

部件剖面图

部件剖面图用于向承包商或制造商展示设计师的设计意图。以设计师的立面图为基础，承包商或制造商会重绘一张高精图给设计师进行审查。

最常见的部件立面图就是厨房橱柜或浴室柜的立面图。

· 部件剖面图同样用于设计和表现各种紧靠墙体的家具，包括书柜、电视柜和沙发等。

· 这些细节通常是用¼″ = 1′-0″和1¼″ = 1′-0″的比例进行绘制。在非常复杂的设计中，家具的细节图也可能会按照实际比例绘制。

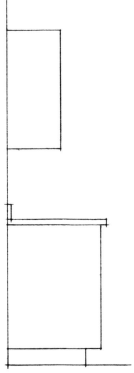

边缘与图形

在开始绘制一张新的部件剖面图时，先用建构线画出图稿的边缘范围是非常重要的。

· 用建构线画出设计中的主要图形。

材料厚度

· 用粗线画出所有家具所用材料的厚度。大部分的柜子都是用胶合板或中密度纤维板制作的，这种材质是用多张薄木片或塑料片叠压而成，其厚度通常为13mm（½英寸）。

· 用超粗线画出地平面。如果家具挨着墙壁，则同样要用超粗线画出墙壁。

材料填充

在细节剖面图中，各种不同的材料主要通过各种标准填充样式来标示。所有被"横切"过的材料都可以用这些样式进行填充。

标准填充样式

下面的样式适用于家具剖面图中部件的横切面上，还可用于表示建筑细节。

混凝土

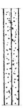

两层16mm（⅝英寸）厚的石膏墙板

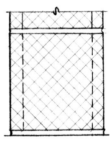

混凝土砖块和砂浆

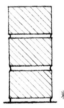

粘土砖和砂浆

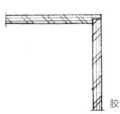

胶合板或中密度纤维板

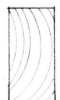

硬木或重木料

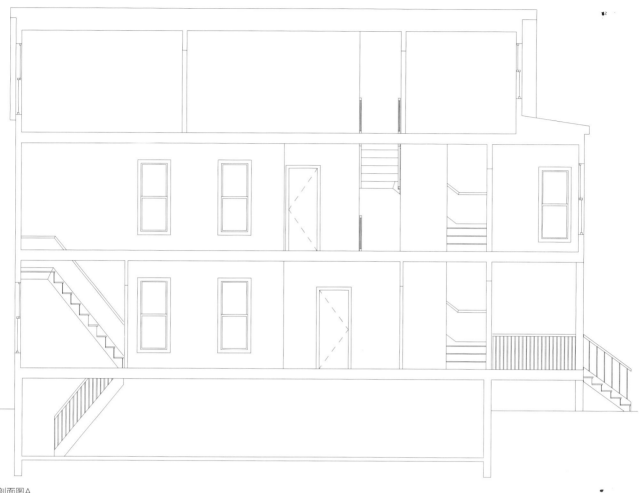

剖面图A
比例为¼" = 1'-0"

主平面图

练习：线宽

该练习可以帮助你更好地理解如何用不同的线宽在建筑剖面图中表现空间特性。

· 在主平面图中确定剖面图的位置。

· 用粗线小心地描画剖面图A中的墙壁和地面。

· 用中等线小心地描画剖面图A中的轮廓线。

· 为图中的墙壁和地面添加实心效果。

练习：绘制剖面图

该练习可以帮助你更好地理解剖面图。

· 在下一页根据楼层平面图中给出的标示创建剖面图B。

· 用¼" = 1'-0"的比例绘制剖面图。

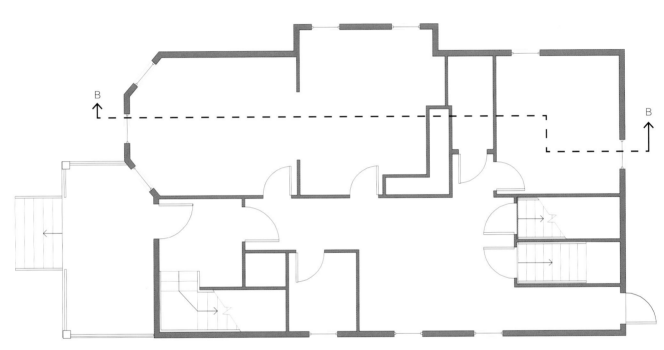

楼层平面图
比例为¼" = 1'-0"

Chapter 7

室外与室内立面图

本章将会介绍室外及室内立面图，并将揭示设计工作室中的学生和导师们所做的工作之一：用二维图稿表现三维构思。

一些设计师将立面图作为一种基本的设计工具使用，另一些设计师在项目接近尾声的时候才用立面图来表现比例构成或建筑模型设计。无论在哪一个设计阶段开始使用立面图，它都是完善和明确你的设计构思及理念的重要工具。

在专业设计部门，立面图是建筑档案的其中一种，用于表现无法在平面图中展示的垂直尺寸和平面样式。除了用于展示设计项目中室外和室内的建筑平面，立面图还可用于表现室内设计中的橱柜、固定设备以及家具等的设计意图。

在阅读本章内容的同时，思考下列问题：

· 如何在学习以及实践的过程中运用立面图探索、完善和表达设计理念？

· 构建立面图需要用到哪些基础图稿类型？

· 立面图在设计过程中有哪些作用？

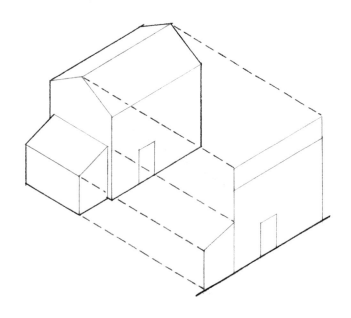

室外立面图

室外立面图是按测量比例绘制的成一定角度的建筑外部图。与建筑外部表面相平行的部件要按照比例绘制，所绘部件与建筑整体的尺寸比例应与实际尺寸比例相同。而绘制与建筑外部表面不平行的部件（如倾斜的屋顶）时则要对其进行扭曲变形处理。

室外立面图通常是以1/16″ = 1′-0″或1/8″ = 1′-0″的比例绘制，并应包含足够的图形信息，以便直观地表现门、窗等部件的位置以及外部表面材质。

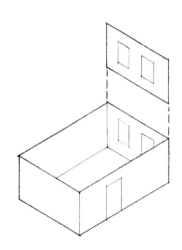

室内立面图

室内立面图也是按测量比例绘制的倾斜图稿，只不过其绘制内容为建筑内部的墙壁。

室内立面图也通常是用1/8″ = 1′-0″或1/4″ = 1′-0″的比例绘制，并应包含足够的图形信息，以便直观地表现门、窗、墙壁开口、木制家具等部件的位置以及内部表面材质。建筑大师们也用室内立面图来确定墙壁开关、电路插座以及浴室装置等设备的位置。

构建线（4H）

表面样式及结合线/细线（2H）

部件轮廓及边缘线/中等线（HB）

立面边缘/粗线（2B）

隐藏部件/虚线（HB）

线宽

设计师们一般都会用清晰易读的线宽来绘制立面图。

· 在进行徒手绘图时，可以通过更换不同粗细的铅芯/铅笔/钢笔以及控制下笔的轻重来调整线宽。

徒手绘图的构思

与绘制其他类型的图稿情况相同，立面图也是先根据大致的比例和尺寸进行绘制，然后慢慢地进行精细处理，以表现各种表面材质以及门、窗等墙壁开口的位置。

立面图的初稿一般是手绘的草图，可表现与平面图和现实状况相匹配的尺寸和比例构思。在设计过程中，会对这些徒手绘图进行精细处理，以表现特定立面图中的主要所需部件。这个构思过程就是经过深思熟虑绘制多张速写草图的过程。这些立面图虽然是草图，但也应该按大致准确的比例以及合适的线宽进行绘制。

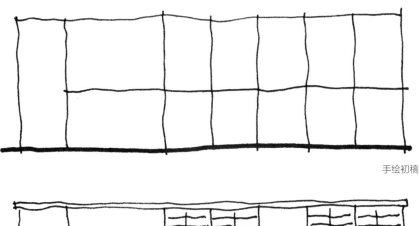

手绘初稿

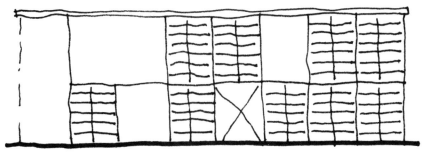

精修手绘草图

手绘拟稿和电脑软件拟稿

在设计过程中的某些时候你会需要创建更为精确的图稿，以便用于制作演示图、向客户展示或建立建筑档案等。你可以用绘图板或电脑绘图软件将有着不同线宽和图稿类型的设计草图快速转化为规范的立面图。这种图稿更为细致，通常包含更多的附加信息，如表面样式、特征和尺寸等。

需要注意的是，立面图的质量是从技术上的精准性以及设计效果是否符合设计主旨来判断的。粗略的手绘草图最适合用于探索、改进和加强这些设计。手绘或电脑软件拟稿则最有利于保证图稿的精准性以及用于演示或留档的可沿用性。

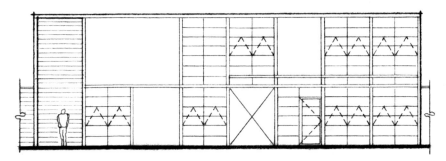

徒手拟绘立面图

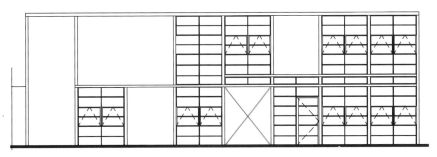

电脑软件拟绘立面图

查尔斯·埃姆斯和雷·埃姆斯
埃姆斯宅邸
由道格拉斯·塞德勒绘制

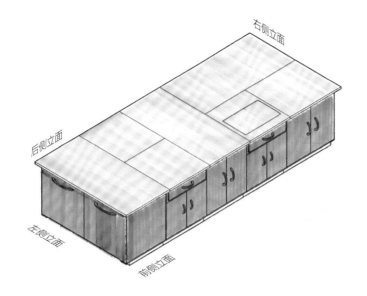

后侧立面

右侧立面

左侧立面

前侧立面

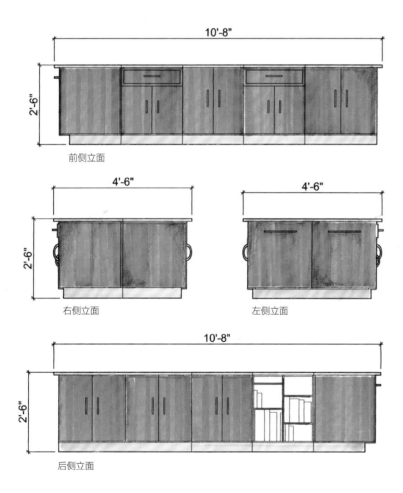

10'-8"

2'-6"

前侧立面

4'-6"

2'-6"

右侧立面

4'-6"

2'-6"

左侧立面

10'-8"

2'-6"

后侧立面

凯特·麦戈德里克
家具立面图
萨福克大学新英格兰艺术设计学院
家具与细节设计工作室

概念设计草图可用于保存一些初期的灯具设计理念，并将这些理念与灯具的设计规则相结合。在图中添加虚拟人物可以表现出每个设备的尺寸和比例，从而使我在需要构建灯具的实际模型时有一个准确的尺寸可作为参考。

在构建模型阶段，我对灯具的比例做出了一些修改。我以剖面立面图（见右图）表现了我是如何构建模型的，因为在最终的模型效果图中是无法看出其构建过程的。

——塔米森·罗斯

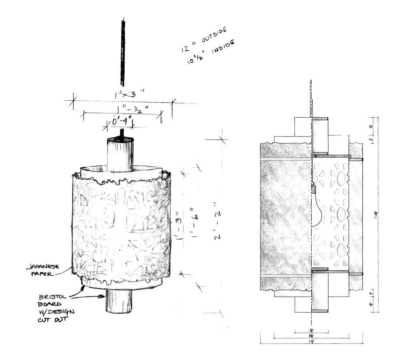

塔米森·罗斯
灯具设计
萨福克大学新英格兰艺术设计学院
家具与细节设计工作室

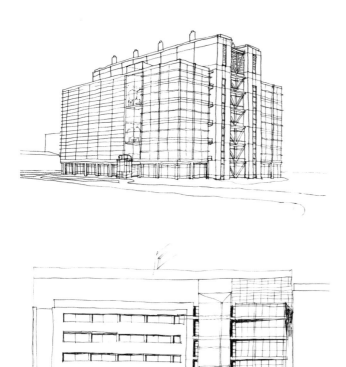

对我来说，绘图的过程就是一个发掘的过程，同时也是一个通过手绘将我的概念和真实图稿连接起来的过程。在我用电脑绘图的时候，我会更多地考虑绘图步骤，而不是实际的图稿效果；当我徒手绘图时，我可以自由地、直观地去探究总体的设计理念。

我在设计时，会将一张图稿复制成多张，这样就不需要总是重复绘制同样的内容。如果图稿与项目需求不匹配，我不会修改项目以适应图稿，而是会根据这些图稿来研究独特的设计方案，以便更好地应用到项目之中。

左侧的这些立面图是我们对各种不同类型玻璃窗特性的研究效果图。在图中有玻璃窗的区域主要有三个：立面图左侧的整个墙面、中间的出入区域以及立面图右侧的办公区域。

这些立面图都是徒手绘制的，用于向我们的客户展示不同的设计方案。右下图是我们最先给客户展示的图稿，用于讨论项目中的材料应用问题。

——克里斯托弗·安吉拉凯斯

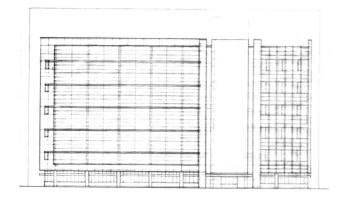

克里斯托弗·安吉拉凯斯
立面构思图
剑桥建筑资源中心

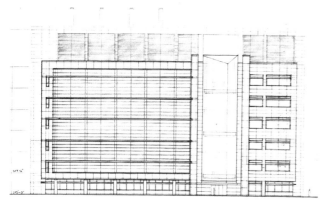

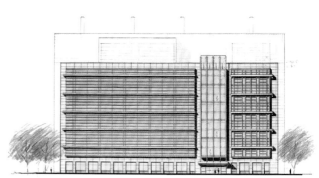

立面图一直都是我最喜欢用的一种设计图稿，因为它可以用于粗略地表现建筑的室外效果，而其本身又是准确而严谨的。作为一种绘图工具，立面图既可直观地在绘图纸上表现设计效果，也可以有效地向客户呈现设计理念。在大多数项目中，我会同时探究几种区别较为明显的设计理念，并用立面图来表现，然后征集反馈意见，再将结果递交给设计团队以及客户。

在分层上色以表现透明度时，对材质的描绘是最重要的。投影是表现实体的必要元素，而高光则是表现轮廓的必需效果。有了这些细节，才能清晰地表现光影效果并形象地体现建筑外观。

这个项目，尤其是构建停车场和零售店之上大面积办公区域的部分，是非常有难度的。立面图研究是确定建筑外部设计策略的重要步骤，通过研究要能够实现降低区域集中性并进而建设一栋综合性现代建筑的目标。

——约翰·鲁福

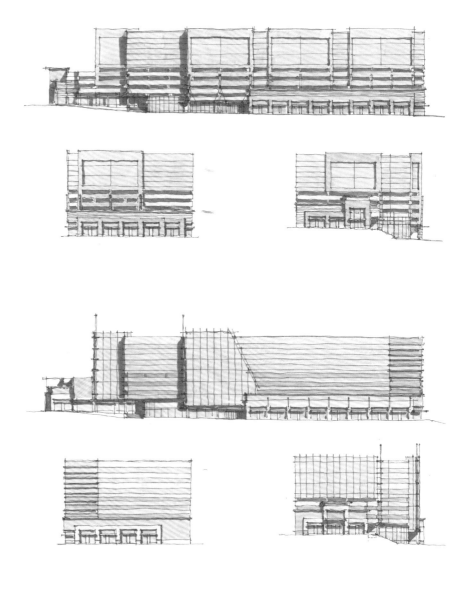

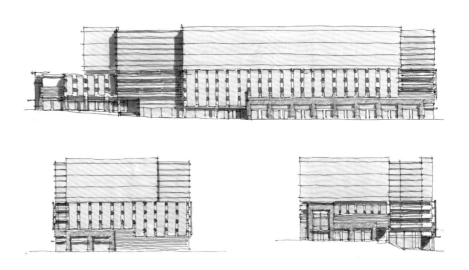

约翰·鲁福
综合性建筑的立面图研究
Arrowstreet建筑事务所

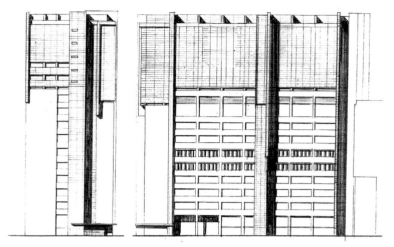

北面和西面的立面图研究5a

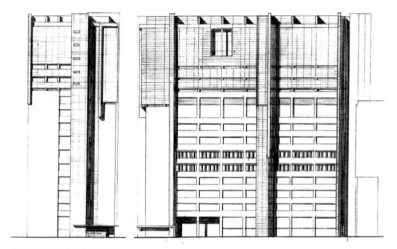

北面和西面的立面图研究5b

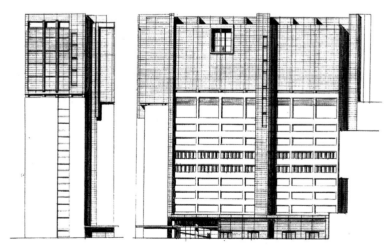

北面和西面的立面图研究6

这个项目最大的挑战在于基于已有的混凝土建筑上进行方格规划，而且用的不是建筑材料。幸而有这些图稿，使我们日后明白了这栋建筑的设计过程是怎么样的。绘图的过程使我对这栋建筑的系统有了非常全面的理解，从而可以在熟悉原有系统的基础上将新设计的模型完美地揉合进去，成为一个全新的整体。在对宏观的设计理念进行细微的修改时，每一张立面图都会相应地从不同的着重点体现出这些改变。左侧上下两张立面图只有少量的不同，在这两张图中我们的着眼点是如何在建筑的正面合理地安排各个部件，以及如何调节立面图的比例关系。左下方的第三张立面图展现了不同于其他两张立面图的独特底座方案，而且看起来更接近完成图。

——克里斯托弗·安吉拉凯斯

克里斯托弗·安吉拉凯斯
立面构思图
剑桥建筑资源中心

设计立面图

对于早期的基础设计项目，如边长229mm（9英寸）的方块模型，可以先创建物理模型，之后再发展为立面图，而这幅立面图就是这个物理模型的倾斜视图。

运用立面图可以直观地展现项目中的空间关系、占地面积以及绘图比例。

· 右图呈现了方块模型展开后的六个立面，表现了不同立面间的相互关系，以及每个立面与方块各个面的对应关系。

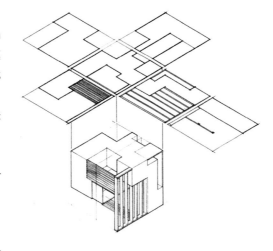

在右图的例子以及其他的基础设计项目中，立面图的作用是通过展现新的信息进一步完善和明确项目设计。

· 在绘制立面图时，要对图稿中的空间状况进行评估。将评估结果与你的原始设计意图进行比较，将比较结果纳入到建立模型或陈述概念的过程中。

· 旋转立面图的视角可使已有的空间元素呈现出一种新的、有趣的空间效果。下面这一系列的立面图其实都是同一张图，只不过都在前一张图基础上顺时针旋转了90°。

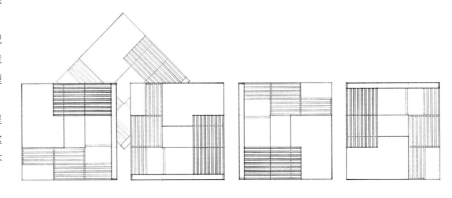

绘制立面图

对图样规范的深刻理解对于在立面图中清晰地表现和完善设计理念是至关重要的。本章下面的内容会介绍各种立面图的绘制技巧、术语以及图样规范，以增加你对立面图的理解，并增强你绘制出清晰易读的立面图，包括室内和室外立面图的能力。

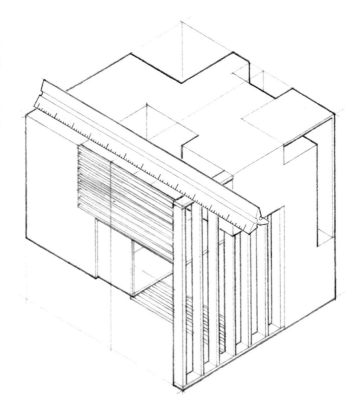

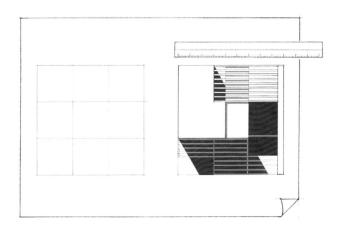

根据设计模型创建剖面图

在基础设计工作室，根据物理模型绘制同样比例的剖面图是非常常见的。

· 用建筑尺或绘图尺测量你的模型尺寸，按照1:1的比例创建剖面图。在模型中有76mm（3英寸）宽的部件在剖面图中的宽度也应该有76mm。

· 左图中方块模型有229mm（9英寸）宽，所以剖面图中的方块也应是229mm宽。

· 在绘图的时候要在各边都留出适当的空白，并谨慎小心地在纸上进行绘制。

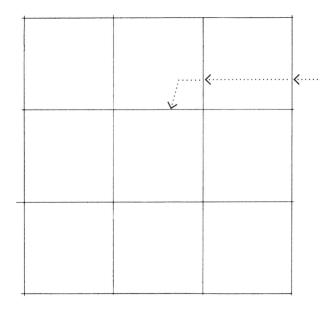

边缘和图形

在开始绘制一张新的立面图时，注意一定要先用建构线确定图稿的边缘范围。

· 用建构线勾画出模型中的主要图形。

· 左图中229mm×229mm（9英寸×9英寸）的正方形被划分为9个边长为76mm（3英寸）的小方格。

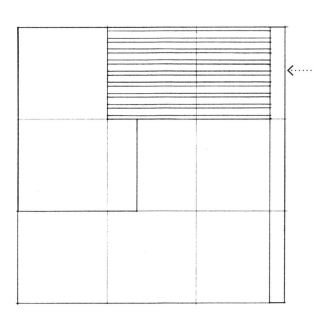

立面上的部件

画出所有在模型立面上的部件的轮廓。

· 用中等线画出所有模型立面上的部件。通过这些线确定立面图中每一个部件的空间范围。

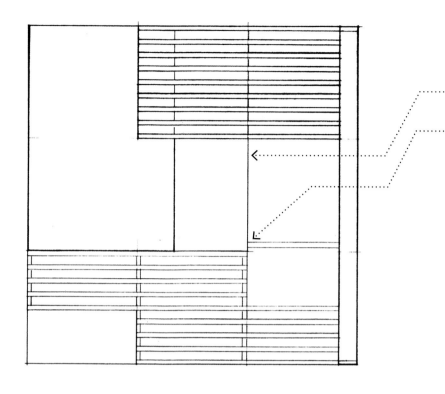

立面之外的部件

画出所有在主立面之外，但在立面图中又可见的部件的轮廓。

· 用细线画出所有在立面之外的可见部件的轮廓。

· 用细线画出立面样式以及在立面图中可见的材质的连接处。

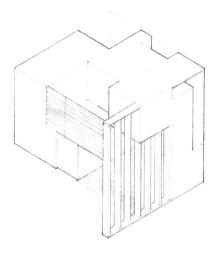

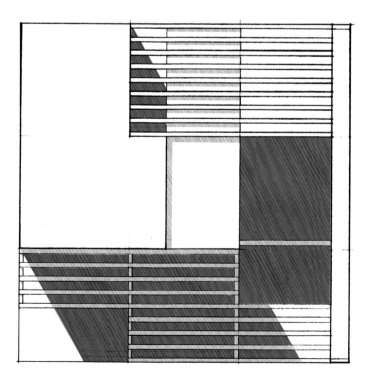

阴影

阴影可用于在两个平行表面之间突出深度效果，从而表现立视空间。

· 用软芯铅笔在绘图纸的正面或背面添加黑色实心效果。

· 用数条斜线画出灰度效果。通过变换斜线的密度可以表现不同的灰度，以表示不同的实心效果。

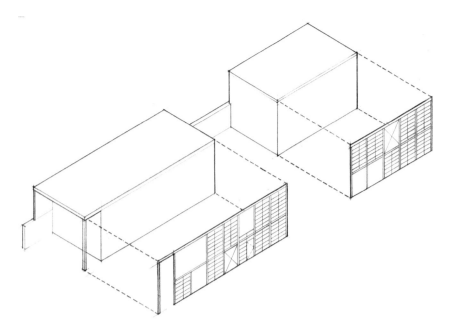

室外建筑立面图

建筑立面图用于直观地展现设计项目中的室内空间关系。根据各个项目及设计过程的不同，这些演示图稿的完成阶段也不同，可能是在开始阶段、中间阶段，也可能是在项目的尾声阶段。

· 室外立面图应该是建筑外部的倾斜视图。

· 室外立面图一般与某一个外部平面或墙壁相平行。

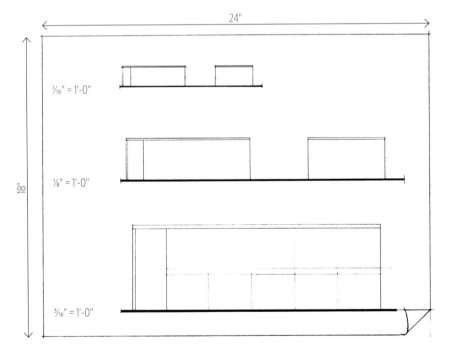

绘图比例

· 计算出你的立面图尺寸，以决定绘图纸的尺寸。

· 大比例的立面图会占据纸面较多的空间。

· 从左图中可看出，⅛" = 1'-0"是在457mm×610mm（18英寸×24英寸）大小的纸张上绘图时最适合选用的比例。

比例与细节

立面图中的信息量与图稿的比例直接相关。大比例的图稿包含更多的建筑细节，而小比例的图稿则不需要添加那么多细节。

· 在比例为1/16" = 1'-0"的图稿中，窗框用单线表示，而可开合的窗户则要用虚线表示出开合方向。

· 在比例为1/8" = 1'-0"的图稿中，窗框用双线表示，而可开合的窗户则要与其他窗户明显区别开。

· 在比例为3/16" = 1'-0"的图稿中，可开合窗户周围的垂直钢柱的厚度要标示清楚。窗户的横框与竖框的比例关系要准确，这样立面图的整体效果才是符合实际的。

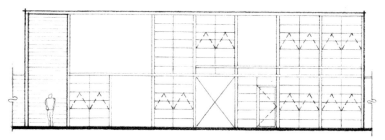

比例为：1/16" = 1'-0"

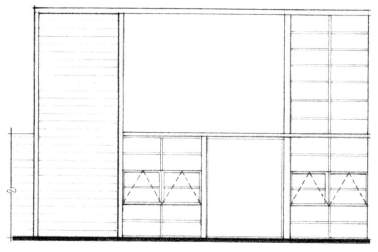

比例为：1/8" = 1'-0"

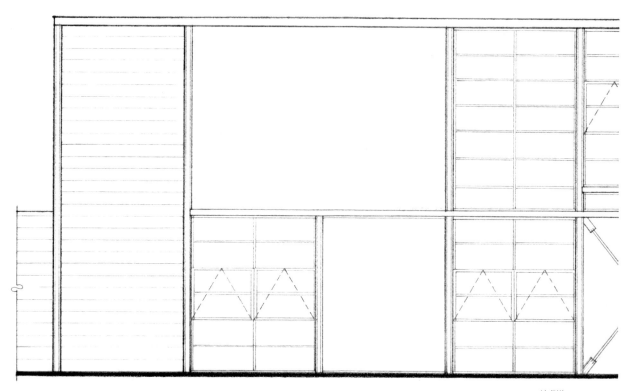

比例为：3/16" = 1'-0"

各室外立面图的名称

室外立面图与建筑的外部表面是相对应的。
对应建筑平面图中北面墙面的立面图就叫作
北侧立面图。

· 东侧、西侧、南侧和北侧室外立面图对应
  的东、西、南、北各方位是平面图中的方
  位，而不是实际的方位。

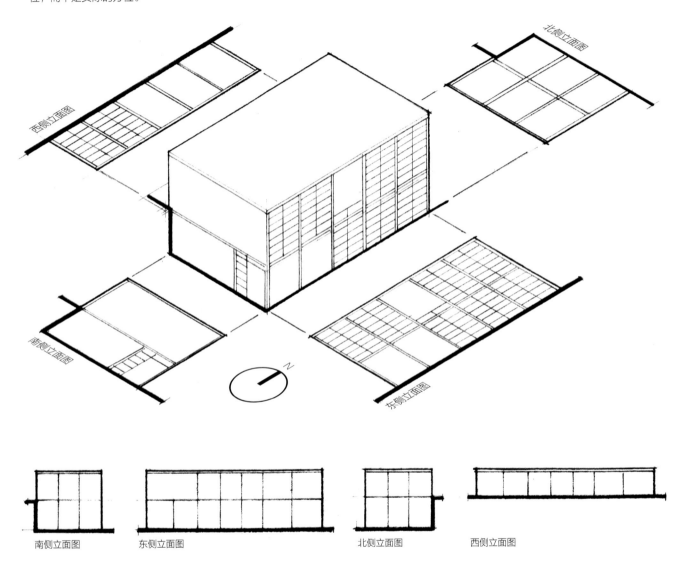

南侧立面图　　　东侧立面图　　　北侧立面图　　　西侧立面图

查尔斯·埃姆斯和雷·埃姆斯
埃姆斯宅邸
美国加利福尼亚州太平洋海崖
由道格拉斯·塞德勒绘制

重叠法

大多数立面图都是根据平面图绘制的。

· 将多张半透明的牛皮纸重叠起来，以便通过已有的平面图构建出立面图。旋转平面图以构建每一个立面，保证每一个立面与平面图底边的墙壁标示线都是对齐的。

· 在两张牛皮纸之间插入一张白纸遮掩平面图以便观察立面图绘图进度。

· 用极细的建构线根据平面图所示构建立面图中的水平图形。

· 用建筑尺测量立面图中的垂直距离。

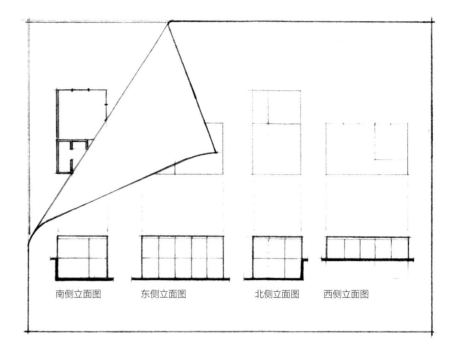

确定构图

确定构图就是在绘图纸上合理安排图稿。在开始绘图之前，先用建构线确定平面图的外部轮廓。

· 合理安排各个方向的立面图，使得它们组合起来可以构成建筑的外部表面。相邻的两张立面图中的角落设计应该是相同的。

· 在同一排立面图中，地平面应该是连续的。如果地平面有高低起伏，那么立面图的基线也应该有相应的高低变化。

· 在纸上各边都留出19mm（¾英寸）~25mm（1英寸）的空白。

· 保证图稿在纸张的正中心。

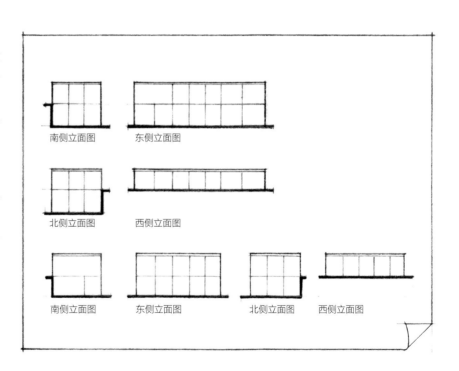

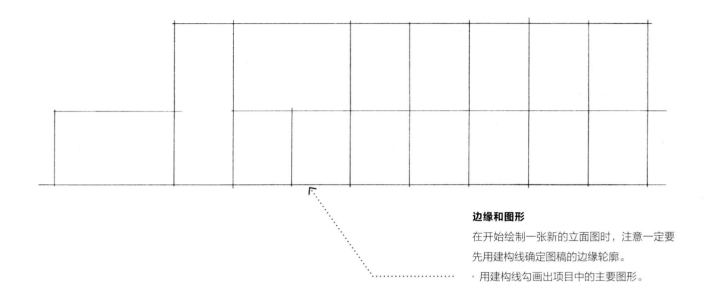

边缘和图形

在开始绘制一张新的立面图时，注意一定要
先用建构线确定图稿的边缘轮廓。

· 用建构线勾画出项目中的主要图形。

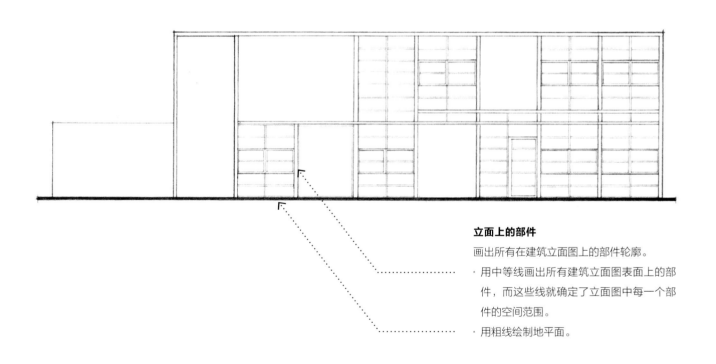

立面上的部件

画出所有在建筑立面图上的部件轮廓。

· 用中等线画出所有建筑立面图表面上的部
件，而这些线就确定了立面图中每一个部
件的空间范围。

· 用粗线绘制地平面。

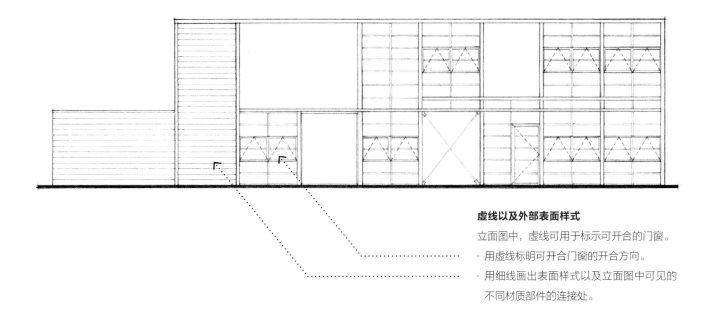

虚线以及外部表面样式

立面图中，虚线可用于标示可开合的门窗。

· 用虚线标明可开合门窗的开合方向。

· 用细线画出表面样式以及立面图中可见的
不同材质部件的连接处。

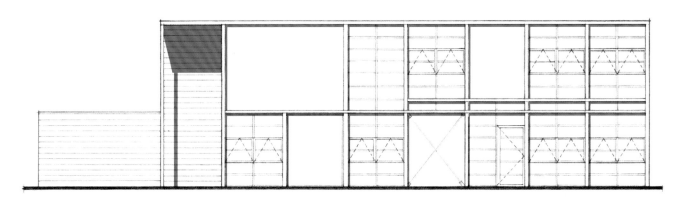

阴影

阴影可用于在两个平行表面之间营造深度效
果，从而表现立面空间。

· 用软芯铅笔在绘图纸的正面或背面添加黑
色实心效果。

· 用数条斜线画出灰度效果。通过变换斜线
的密度可以表现不同的灰度，以表示不同
的实心效果。

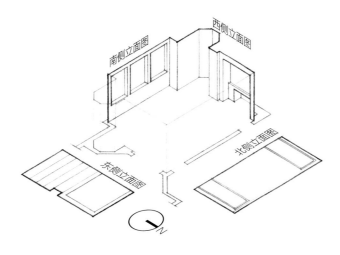

南侧立面图　西侧立面图

东侧立面图

北侧立面图

N

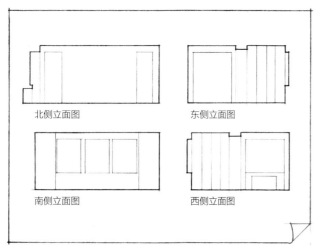

| 北侧立面图 | 东侧立面图 |
| 南侧立面图 | 西侧立面图 |

弗兰克·劳埃德·赖特

乔治·福贝克宅邸

由道格拉斯·塞德勒绘制

室内建筑立面图

室内立面图可直观地展现设计项目中的室内空间比例和空间关系。根据各个项目及设计过程的不同，这些演示图稿的完成阶段也不同，可能是在开始阶段、中间阶段，也可能是在项目的尾声阶段。

· 室内立面图应是建筑内部的斜视图。

· 室内立面图一般与某一个内部平面或墙壁相平行。

命名室内立面图

室内立面图是根据其对应的房间方位来命名的。房间北面墙面的立面图就叫作房间北侧立面图。

· 和室外立面图一样，房间东侧、西侧、南侧和北侧立面图对应的东、西、南、北方位是平面图中的方位，而不是实际方位。

确定构图

确定构图就是在绘图纸上合理安排图稿。在开始绘图之前，先用建构线确定平面图的外部范围。

· 合理安排各个方向的立面图，使得它们合起来可以组成建筑的外部表面。相邻的两张立面图中的角落设计应该是相同的。

· 在同一排立面图中，地平面应该是连续的。如果地平面有高低起伏，那么立面图的基线也应该有相应的高低变化。

· 在纸上各边都留出19mm（¾英寸）~25mm（1英寸）的空白。

· 保证图稿在纸张的正中心。

重叠法

大多数室内立面图都是根据平面图绘制的。

· 将多张半透明的牛皮纸重叠起来，以便通过已有的平面图构建出新的图稿。旋转平面图以构建每一个立面，保证每一个立面与平面图底边的墙壁标示线都是对齐的。

· 在两张牛皮纸之间插入一张白纸可隐藏平面图以便观察绘图进度。

· 用极细的建构线根据平面图所示构建立面图中的水平图形。

· 用建筑尺测量立面图中的垂直距离。

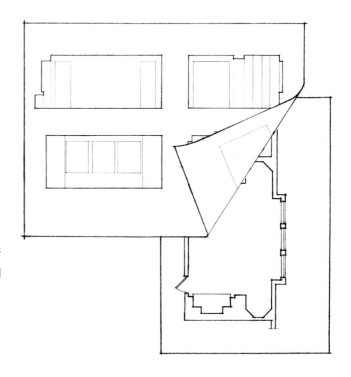

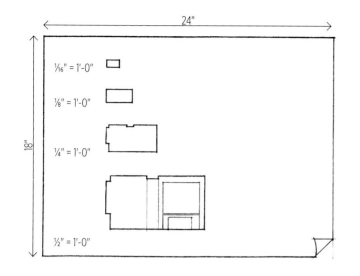

绘图比例

计算出你的立面图尺寸,以决定绘图纸的尺寸。大多数室内立面图都是以⅛″ = 1′-0″或¼″ = 1′-0″的比例绘制的。

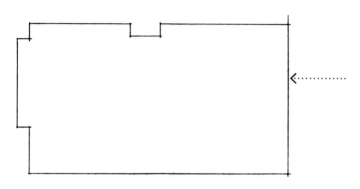

边缘和图形

在开始绘制一张新的立面图时,注意一定要先用建构线确定图稿的边缘轮廓。

· 用建构线勾画出项目中的主要图形。

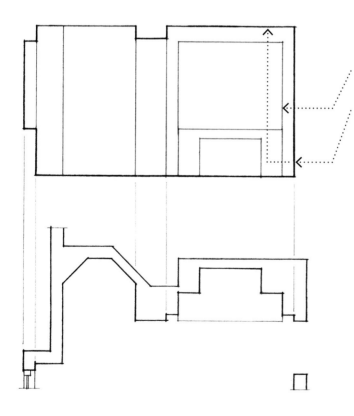

立面上的部件

画出所有在室内立面图表面上的部件的轮廓。

· 用中等线画出所有立面图表面上的部件,而这些线就确定了立面图中每一个部件的空间范围。

· 用粗线绘制地平面和立面图中的墙壁轮廓。

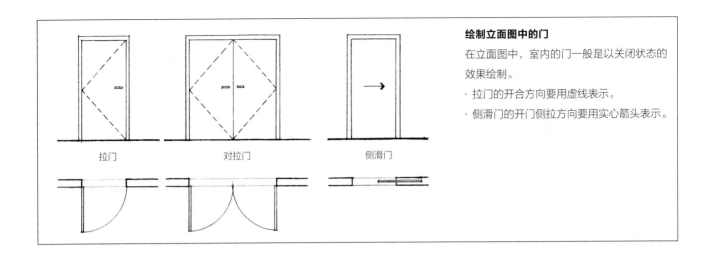

拉门　　　　　　　　对拉门　　　　　　　　侧滑门

绘制立面图中的门

在立面图中，室内的门一般是以关闭状态的
效果绘制。

· 拉门的开合方向要用虚线表示。

· 侧滑门的开门侧拉方向要用实心箭头表示。

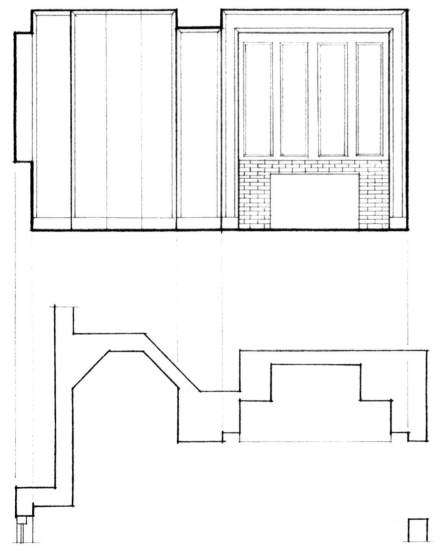

虚线以及室内表面样式

虚线在立面图中标示可开合的门和窗。

· 用虚线标示出可开合门窗的开合方向。

· 用细线绘制表面样式以及立面图中可见的
　不同材质部件的连接处。

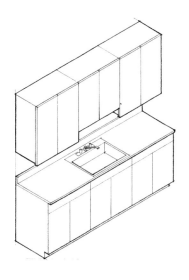

部件立面图

部件立面图通常是包含在室内立面图中的，但其本身又是独立的图稿。这些图稿可向导师或承包商展现你的设计意图。以这些图稿为基础，承包商或子承包商会再绘制一份高精度的详细图稿。

· 最常见的部件立面图就是厨房、浴室橱柜的立面图。

· 部件立面图还用于呈现任何紧靠墙体的家具，如书柜、电视柜和沙发等。

· 大多数部件立面图都是以½″ = 1′-0″或¾″ = 1′-0″的比例绘制的。

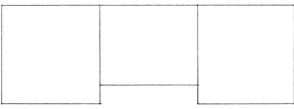

边缘与图形

在开始绘制一张新的部件剖面图时，先用建构线画出图稿的边缘轮廓是非常重要的。

· 用建构线画出项目中的主要图形。

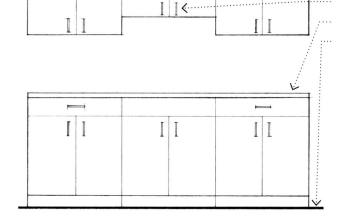

橱柜、抽屉和五金配件

· 用细线画出各橱柜的柜门、抽屉以及橱柜上的五金配件。

· 用中等线画出整个部件的轮廓，以确定立面图中各部件空间范围。

· 用粗线画出地平面。

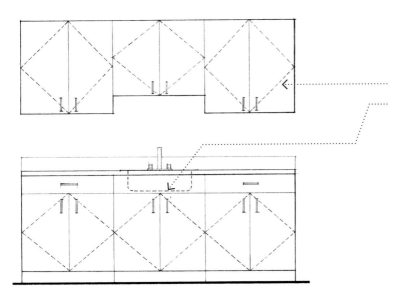

虚线和表面样式

虚线可以用于在部件立面图中标示出可开合柜门的开合方向。

· 用虚线标示出可开合柜门的开合方向。

· 用虚线标示出嵌入的隐藏部件，如图所示的厨房水槽等。

· 用细线画出立面图中的表面样式，凹凸形状以及不同材质部件之间的连接处等。

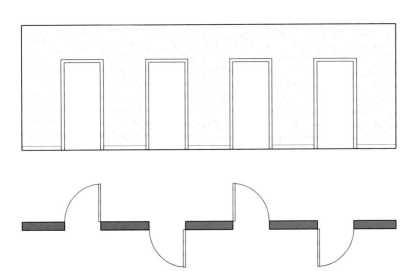

练习：门的开合方向

该练习可帮助你更好地理解立面图中对于门的开合方向的标注。

· 在左侧立面图中，用适当的标注方法画出每一扇门的开合方向。

· 如果是内滑门，则用适当的标注方法画出门的侧滑方向。

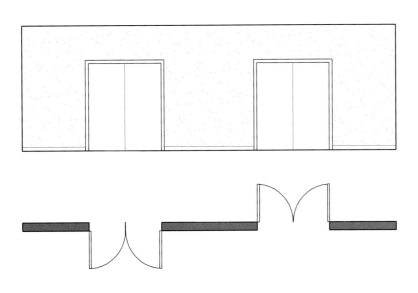

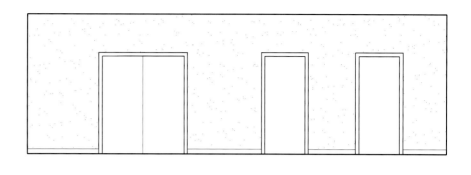

练习：阴影

该练习可以帮助你更好地理解如何在立面图中添加阴影效果。

· 在立面图中，阴影是根据平面图中的规划来绘制的。

· 只要了解了这些主要图形及其相应的阴影范围，你就可以为立面图中的复合图形添加阴影。

· 根据右图所示的各种添加阴影的方法，为下图添加阴影效果。

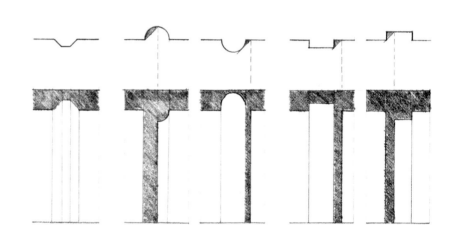

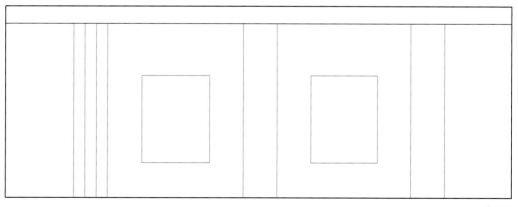

立面图

平面视图

立面图
比例为⅛" = 1'-0"

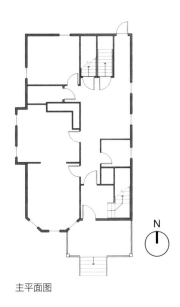

主平面图

三层7163mm
（23英尺6英寸）

二层4115mm
（13英尺6英寸）

一层1067mm
（3英尺6英寸）

立面图
比例为⅛" = 1'-0"

练习：线宽

该练习可以帮助你更好地理解在建筑立面图中线宽对于表现比例的作用。按照下列步骤完成左侧立面图。

· 根据左侧的主平面图在立面图中标示出东南西北各方位。

· 用超粗线小心地描画地平面。

· 用粗线小心描画图中的外围轮廓线。

· 用中等线小心地描画图中的轮廓线。

· 用细线在图中画出102mm（4英寸）宽的木边。

· 为图稿添加适当的阴影。

立面图
比例为 ³⁄₁₆″ = 1'-0″

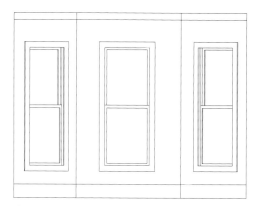

立面图
比例为 ³⁄₁₆″ = 1'-0″

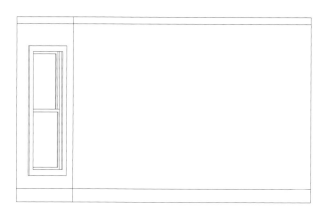

立面图
比例为 ³⁄₁₆″ = 1'-0″

立面图
比例为 ³⁄₁₆″ = 1'-0″

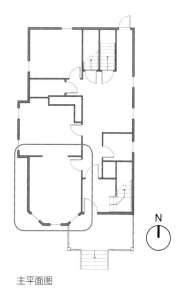

主平面图

N

练习：线宽

该练习可以帮助你更好地理解在室内立面图中，线宽对于表现空间比例的作用。按照下列步骤完成下页中的各幅立面图。

· 根据主平面图在立面图中标示出东西南北各方位。

· 用粗线小心地描画图稿的外围轮廓。

· 用中等线小心地描画各部件轮廓以及墙壁开口。

· 用细线在图稿中画出102mm（4英寸）的木边。

· 为图稿添加适当的阴影。

立面图
比例为 ³⁄₁₆" = 1'-0"

立面图
比例为 ³⁄₁₆" = 1'-0"

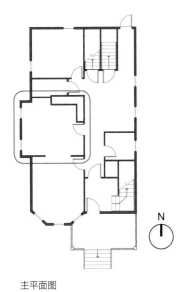

主平面图

练习：绘制立面图

该练习可以帮助你更好地理解如何根据平面图构建立面图。

· 根据主平面图中红线框划的范围，在下面空白处构建立面图4。

· 按³⁄₈" = 1'-0"的比例绘制立面图。

Chapter **8**

轴测图

　　轴测图是一种独特的建筑图稿类型，是一种将透视三维视图和视角平面图中的测量数据结合起来的图稿。轴测图是一系列图稿的总称，其中包含多种不同的子类型，这一系列图稿多用作早期的项目设计、示意图和分析图等，因为它们可以在一维平面上实现对三维空间的探索。

　　基于相同的原因，轴测图同样被用于项目中的细节设计阶段，因为它们可直观地展现复杂的建筑细节、家具细节及不同材质部件的连接处等部位的三维特性。

　　徒手绘制和徒手拟绘的轴测图与电脑绘制的轴测图相比有更多的优势，体现在如下方面。

- ·利用描图纸或牛皮纸，你可以快速地根据一张基本图稿绘制出多套不同的设计方案。
- ·你可以选择性地在现阶段的设计图中只表现出重要的信息，以缩短绘制时间，并将精力集中于对设计方案的探讨以及收集反馈意见等。

　　在本章中，你将会清楚地了解到三种建筑设计中常用的轴测图——斜轴测图、等视图以及立面斜视图的具体区别。

　　在阅读本章内容的同时，思考下列问题：
- ·如何在学习实践的过程中运用轴测图探索、完善和传达设计理念？
- ·构建轴测图需要用到哪些基础图稿类型？
- ·轴测图在设计过程中有哪些作用？

关于轴测图

所有的轴测图都是属于同一个系统的。

· 在平面图、立面图或剖面图中平行的线在轴测图中也是平行的。

· 每一张图稿都是根据一个固定的建筑比例来绘制的。所有与主轴线平行的线都应该按照相同的比例来绘制。

斜轴测图

斜轴测图是将平面图旋转至与水平面成30°或45°角的一种图稿。这种图是参照平面图用与水平面成90°的垂直线来绘制的。轴测图除了要符合基本的图稿规范以外，还需要满足以下条件。

· 在平面图中相互平行的线条在轴测图中也应是相互平行的。

· 绘制45°/45°/90°的轴测图应将平面图中的所有线条调整至与水平面成45°角。

· 绘制30°/60°/90°的轴测图应将平面图中的所有线条调整至与水平面成30°或60°角。

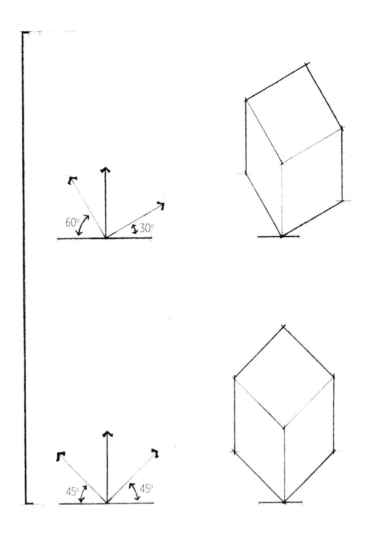

等视图

等视图是一种特殊的图稿，它不能通过平面图来构建，因平面图中的水平线和垂直线在轴测图中是成120°角的。除要符合基本的图稿规范以外，等视图还应满足以下条件。

· 绘制等视图应将平面图中的所有线条调整至与水平面成30°角。

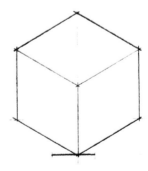

立面斜视图

立面斜视图是一种根据立面图而构建的三维图稿。

· 立面斜视图是参照立面图用与水平面成30°角、45°角或60°角的线条绘制的。

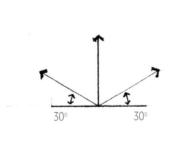

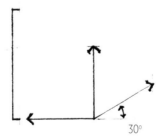

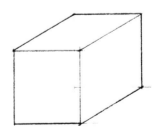

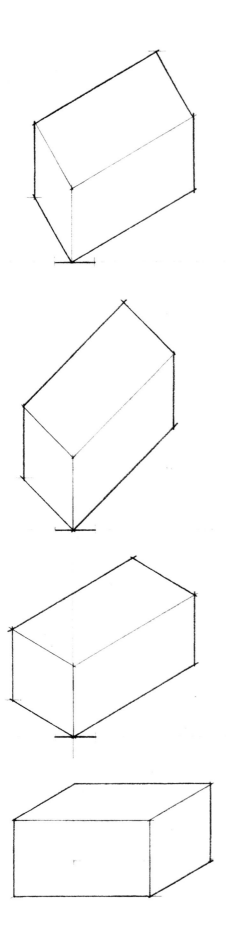

分解轴测图

分解轴测图可直观地表现出不同空间部位以及这些部位的相互关系。宜家等企业就是使用这种图稿指导消费者组装家具的。

· 分解轴测图中的分解部位与主体部位是以建构线或虚线来连接的。

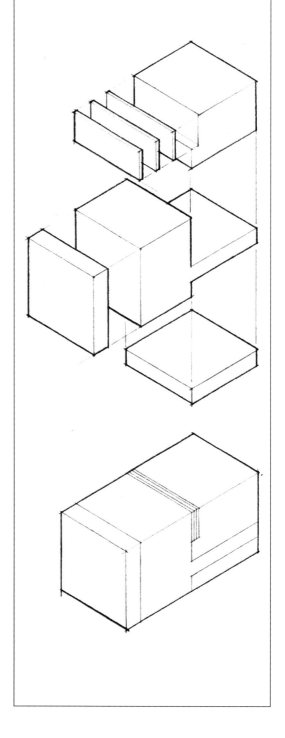

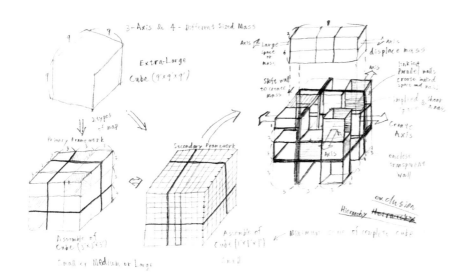

构思

构思的过程也被称为概念设计的过程，就是探究多种设计方案并对每一套方案是否符合设计主旨进行评估的过程。构思过程其实就是将文字性的设计概念转化为空间设计方案的过程。

本页例图中的说明文字、注释文字等都是概念设计阶段的重要工具，它们清楚地传达了设计师的构思以及对每一种方案的评价。

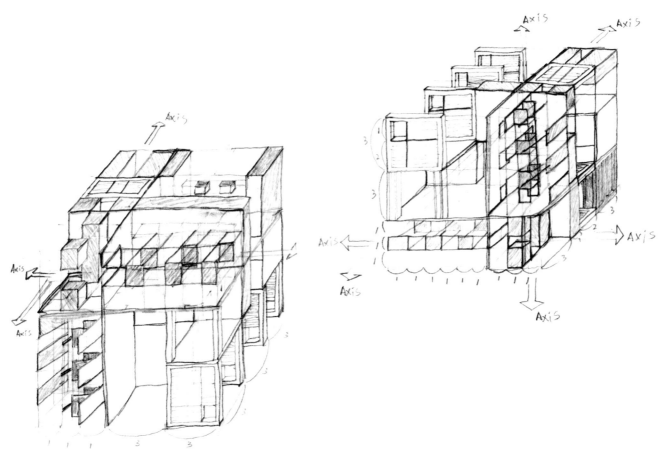

内田良太

设计草图

波士顿建筑大学

A级研究生工作室

通过把我的设计理念用三维图稿表现出来，我可以更直观地研究这些理念，并可将这些图稿用于未来的设计中。像这样用草图来研究自己的构思不仅能帮助我更深入地理解项目的核心思想，还能帮助我将这些思想展示给我的同事以及导师。

——内田良太

- 轴测图是构思阶段最常用的一种图稿类型，因为设计师可以通过轴测图细致地研究当前项目的空间和规范质量。
- 设计师们在项目进程中可利用轴测图来探究平面图、剖面图和立面图中的空间关系。
- 由于这种三维图稿是用固定的建筑比例绘制的，所以可以用于在设计晚期创建精确的平面图、剖面图和立面图。

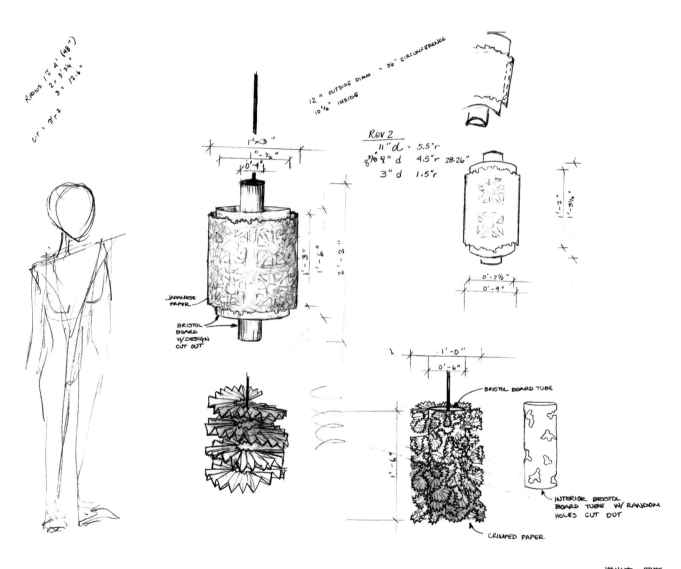

塔米森·罗斯
设计草图
萨福克大学新英格兰艺术设计学院
家具与细节设计工作室

路德维希·密斯·范·德·罗厄（Ludwig Mies Van der Rohe）
德国，柏林，巴塞罗纳展馆
由道格拉斯·塞德勒绘制

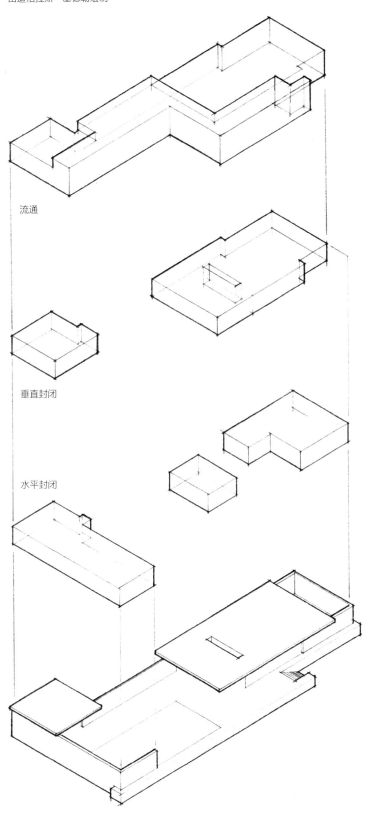

流通

垂直封闭

水平封闭

分析图

分析图可有效检查一个项目的背景、先例、空间占用，以及评估现有设计的可行性。好的分析图可以通过被修改或从中移除一些不必要的信息来帮助设计师找出项目中还需要完善的部分，同时还能展现出现阶段调查或分析的结果。分析图还可以直观地展现集中研究或分析的成果。

设计师通过先例分析图来研究家具、建筑、城市、工艺品或其他任何与当前设计相关的对象。虽然研究图稿的内容可随绘图比例、绘图范围的变化而有所不同，但图稿中那些用于表现已有的或新信息的部件是相同的。这些图稿，以及图稿中所传达的信息，被看作是在拥有相似难度或部件的项目中做出新的设计决策的基础。在分析过程中，新的设计构思可以直接产生于已有的项目成果。

建筑分析

左侧这张巴塞罗纳展馆的分解轴测图包括了对馆中不同空间状况的分解展示。流通、垂直封闭、水平封闭的状况都以单独的分解图的形式呈现，以便可以对这些方面进行比较分析。

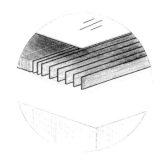

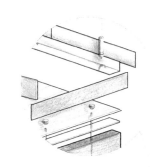

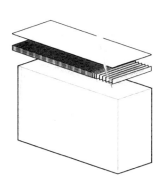

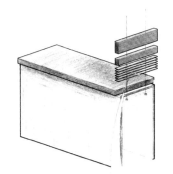

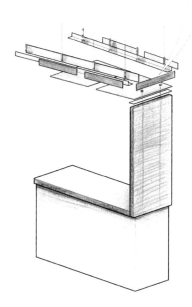

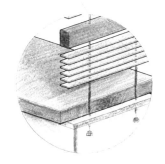

细节先例分析

本页例图是对美国纽约市Xing餐厅的细节分析，图中展现了材料的创新运用与搭配。

· 这些等视图用于呈现不同材料在细节上的空间关系。

· 图中用不同颜色标明了常见的材料。

· 这些图稿使用了多种不同的比例，以便多层次地呈现出设计细节。

艾利森·史密斯
等视图
萨福克大学新英格兰艺术设计学院
高级材料与细节设计工作室

绘图一向是我在概念设计阶段产生和完善创意的首要工具。这是进行视觉艺术设计和建筑设计的人们记录思想的一个过程。

下图所呈现的楼梯透视图是我在原始手绘草图的基础上进行精细处理过的。在完善了原始图稿的文字说明并确定了设计意图之后，我将这些手绘图稿用SketchUp软件制作成了3D模型。最终的演示图是手绘图和电脑软件绘图的结合，用于展示楼梯的设计意图、核心理念、材料属性以及最终确定的整体组合。

——西娅拉·兰利

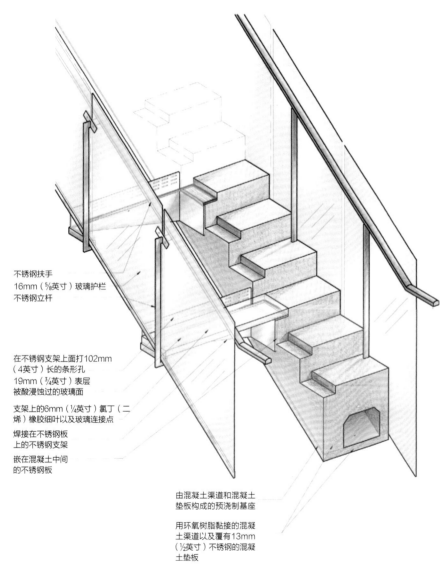

不锈钢扶手
16mm（⅝英寸）玻璃护栏
不锈钢立杆

在不锈钢支架上面打102mm
（4英寸）长的条形孔
19mm（¾英寸）表层
被酸浸蚀过的玻璃面

支架上的6mm（¼英寸）氯丁（二
烯）橡胶细叶以及玻璃连接点

焊接在不锈钢板
上的不锈钢支架

嵌在混凝土中间
的不锈钢板

由混凝土渠道和混凝土
垫板构成的预浇制基座

用环氧树脂黏接的混凝
土渠道以及覆有13mm
（½英寸）不锈钢的混凝
土垫板

细节和组合

细节设计是建筑设计与室内设计中一个非常复杂的方面。二维的细节设计往往要有注释、组合说明以及尺寸说明等，这些对于新手设计师来说往往有较大的难度。对三维图稿的研究与调查可以加深你对空间内涵以及建筑细节中各成分关系的理解。

分解细节图

左侧的楼梯图从细节上展现了不同材料以及组合技术之间的关系。这张图是用于向学生们演示如何在项目的整体与细节之间进行协调，以进行细节设计、材料组合以及概念关系的确定。

西娅拉·兰利
楼梯构成图
萨福克大学新英格兰艺术设计学院
高级材料和细节设计工作室

在绘制这张等视图的过程中，我得以对这个楼梯设计及其构成的各方面进行探究。对各个部件的构建使我对整个楼梯设计有了全面的了解。诸如"这个部位是连到哪里？"以及"这个地方是不是和我原来设想的一样？"等等，就像我真的在建造这个楼梯一样。用这张等视图向评论家、团队成员或客户进行展示的时候，设计意图、细节组合等内容都更容易被清晰地传达给对方。

——拉尼亚·毛卡斯

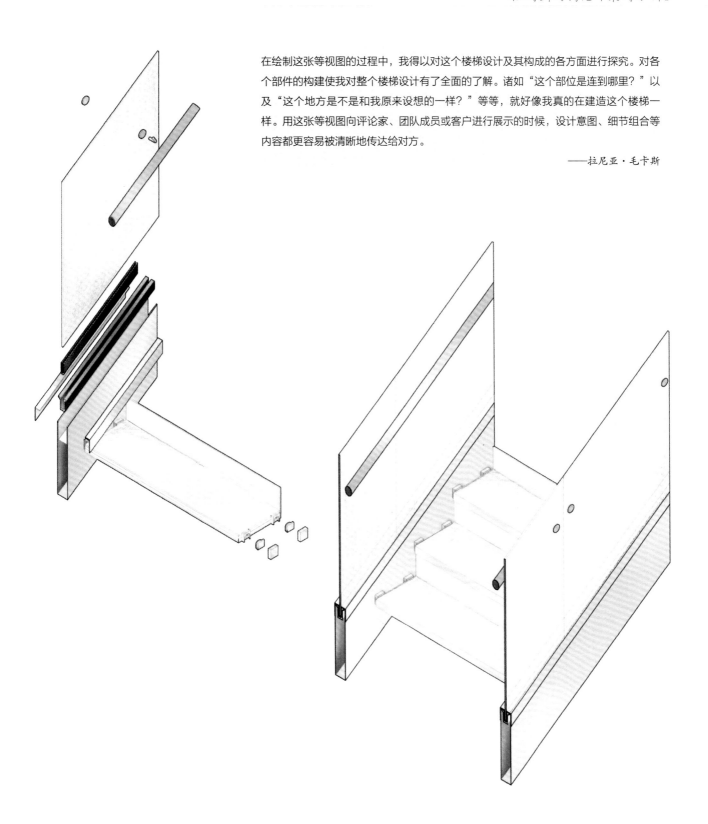

拉尼亚·毛卡斯
楼梯构成图
萨福克大学新英格兰艺术设计学院
高级材料和细节设计工作室

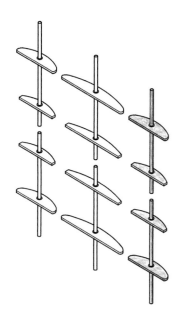

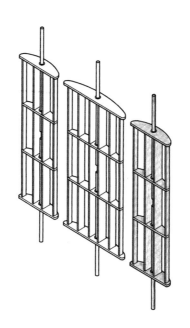

在这个项目的设计过程中，我探究了几种不同的建造方法。我首先研究的是基础草图或基本创意。通过绘制分解等视图我能够对设计不断进行完善，直到项目实现了功能性、可行性及美观性的完美结合。

组装步骤图有助于呈现我在设计过程中做出这种设计选择的原因。在设计评委会可以清晰地看出设计意图的基础上，我们就可以讨论可达成设计目标的不同方案了。

——希多拉·埃利奥特

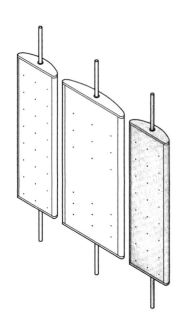

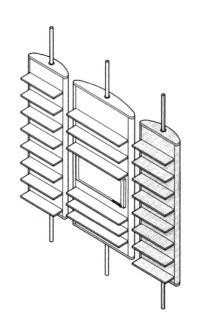

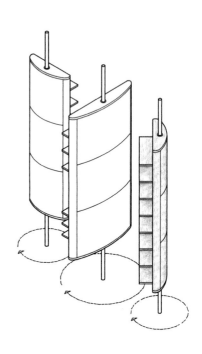

希多拉·埃利奥特
等视构成图
萨福克大学新英格兰艺术设计学院
建档工作室

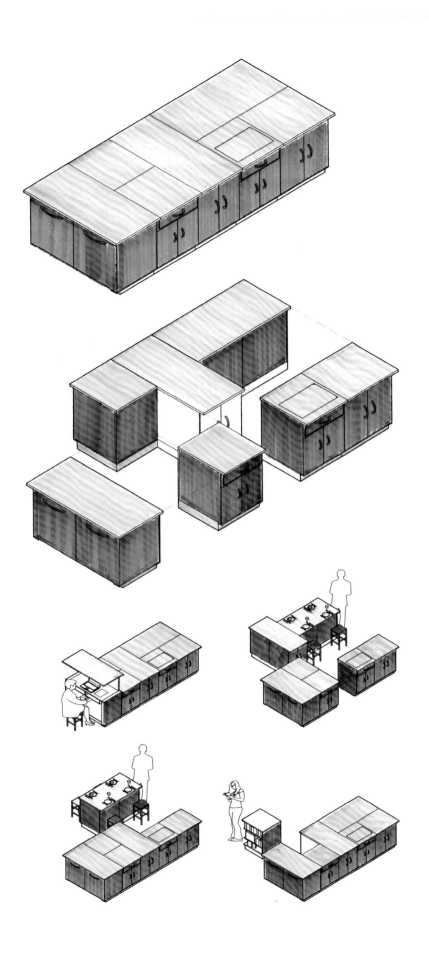

凯特·麦戈德里克
等视演示图
萨福克大学新英格兰艺术设计学院
家具与细节设计工作室

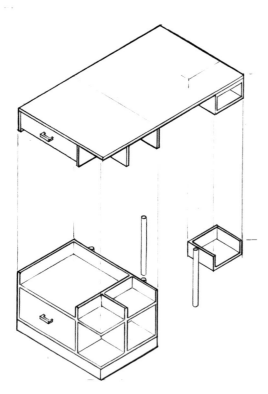

格里特·里特韦尔

书桌

由道格拉斯·塞德勒绘制

分解轴测图

和演示图一样，分解等视图和分解斜轴测图可以通过将平面图、立面图和剖面图中的信息结合起来表现出项目的空间质量以及空间关系。

分解图可直观地表现出各独立部位与整体之间的关系。好的分解轴测图可以通过拆解集中绘制的建筑、部件或细节的每一个部位清晰地表明大的整体与独立部位间的关系。

分解图可以用于检视家具零件、细节部位或建筑中的组合关系，也可以用于检查一栋建筑或一个城市的任何一个建筑系统。不同比例和尺寸的分解图的绘制目标是一样的：清晰地表现整体与部分之间的关系。

分解家具图

左侧这张里特韦尔书桌（1931年）的分解家具图展示了两种不同的家具图：俯视图和水平剖面图。这张图在本书前面章节出现过，用于说明二维图稿的空间特性。

分解建筑图

这张埃姆斯宅邸的分解等视图表现了一层楼与二层楼之间的关系。在没有外墙的情况下，分解等视图同样精确地体现出了每一层楼的空间状况。比如，图中就清楚地展现了二楼卧室与旁边一楼的复式客厅之间的空间关系。

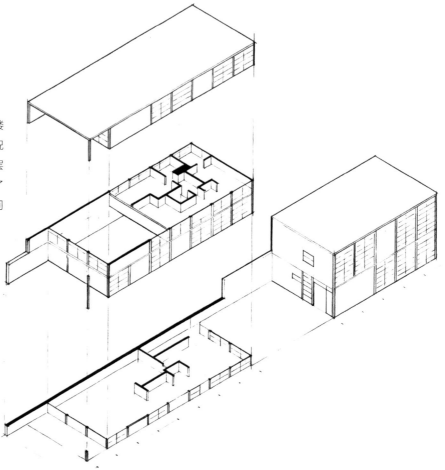

查尔斯·埃姆斯和雷·埃姆斯

埃姆斯宅邸

由道格拉斯·塞德勒绘制

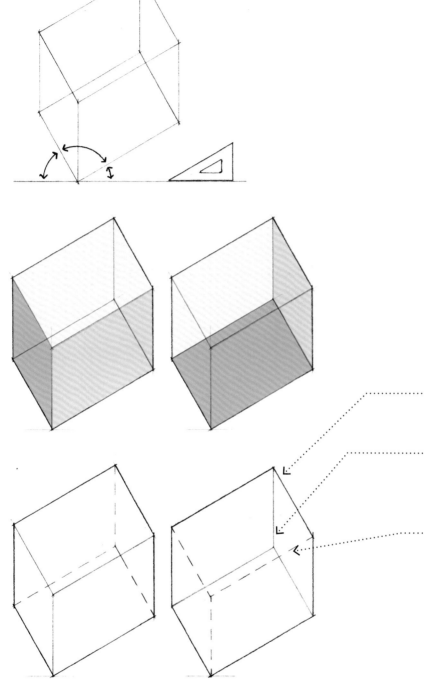

等视图和斜轴测图

对图样规范的深刻理解对于在立面图中清晰地表现和完善设计理念是至关重要的。本章剩下的内容会介绍各种绘制立面图的技巧、术语以及图样规范,以增强你对立面图的理解,并提高你绘制出清晰易读的立面图,包括室内和室外立面图的能力。

左侧的两幅图用不同的阴影效果展示了没有线宽层次标示的轴测图可能呈现出的视觉效果以及方向。

在这个例子中,用适当的线宽就可以标明绘制对象的期望视觉方向。

· 空间边缘用中等线绘制。图稿中的这些边缘就是图稿部件的边缘,即通过线条将其与背景空间区别开。

· 平面边缘用细线绘制。平面边缘线两侧的平面都是可见的。

· 表面线条用极细线绘制,标示的是表面的材质。

· 虚线用于标明被隐藏的、不可见的主要建筑部件或元素。

————————— 表面线条(4H)

————————— 平面边缘(2H)

————————— 空间边缘(HB)

— — — — — 虚线(HB)

线宽

设计师们一般都会用清晰易读的线宽来绘制平面图。

· 在进行徒手绘图时,可以通过更换不同粗细的铅芯/铅笔/钢笔以及控制下笔的轻重来调整线宽。

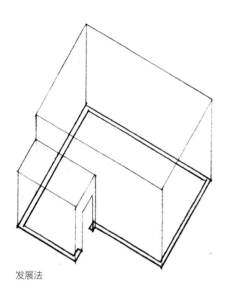

发展法

构建轴测图

有三种方法可用于构建轴测图。

· **发展法**——立面斜视图可从已有的测量图
纸发展而来。

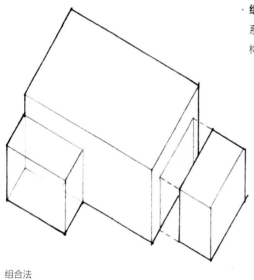

组合法

· **组合法**——斜轴测图和等视图可通过将一
系列图纸组合起来建立完整图稿的方式来
构建。

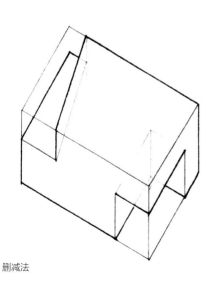

删减法

· **删减法**——斜轴测图和等视图的构建还可
通过先按部件或建筑的外形绘制出一个大
致形状，然后再删减掉不属于部件或建筑
本身的部分构建完成。

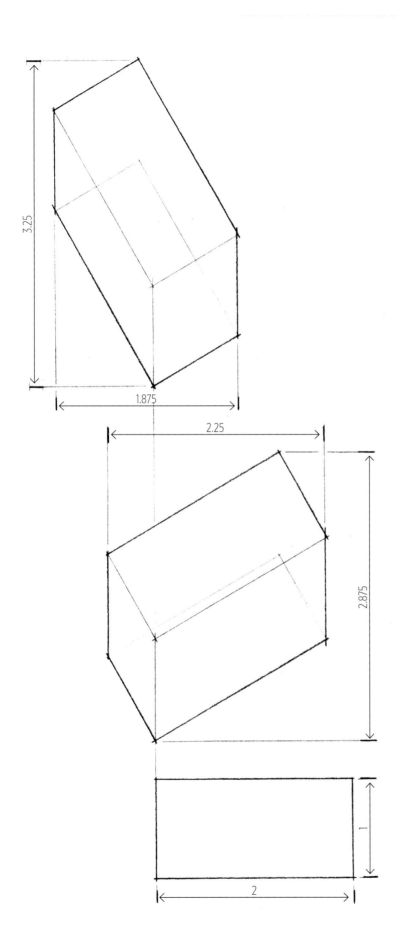

确定方位

在开始绘制轴测图之前，要先确定主要的方位以及设计的总体尺寸。轴测图会比同比例的正交图占据更多的纸面空间，因为轴测图包含多个方向的平面，而不是像平面图只有一个方向。

· 确定好方位，使最重要的转角能够落在图稿的最前面。

· 如果总体图形是矩形，那么就要选择能够使矩形的最长边与水平线成30°夹角的方位。

· 如果图稿的某一边需要着重描绘，将这一边安排在与水平面成30°角的位置。

· 如果图稿的两边同样重要，则按45°角平均安排这两边的位置。

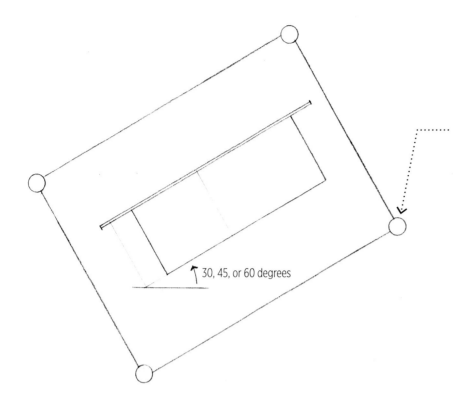

确定构图

斜轴测图通常都是根据平面图构建的。

· 如果你是根据平面图来构建斜轴测图的，那么要将图纸以水平线方向旋转30°、45°或60°。

· 用制图图钉或绘图胶带将平面图固定好。

30, 45, or 60 degrees

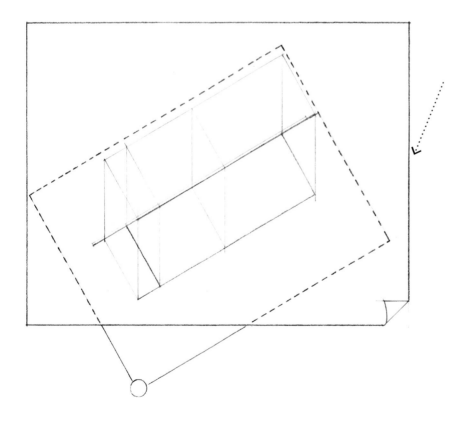

确定构图就是要将图稿合理地安排在纸张上。对于轴测图来说，三维图稿的长、宽、高都应该考虑周全。

· 将一张白纸覆盖在旋转后的图纸上。

· 在覆盖白纸的时候要考虑斜轴测图的整体尺寸。要估计出你的图稿大概要占多大的空间，从平面图的外角开始绘制线条，以构建整体建筑，然后再将白纸中心点与图稿中心点对齐放置。

· 将白纸用制图图钉或绘图胶带固定好。

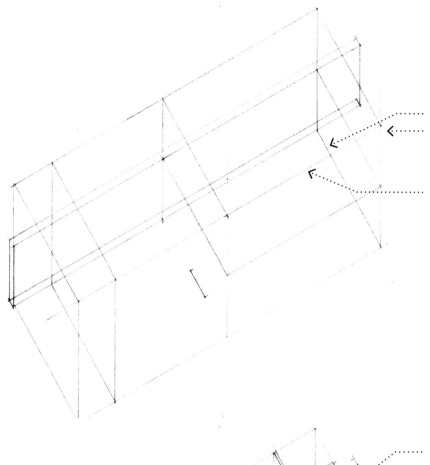

边缘和图形

· 先用建构线确定图稿的边缘轮廓和斜轴测
  图中的主要图形。建构线本身是非常细的,
  可帮助确定单张图稿或同一张纸上多幅图
  稿的整体范围。

· 直接根据平面图构建水平图形。

· 按照与平面图成90°的角度布置线条,以
  构建垂直图形。将立面图和剖面图中的尺
  寸进行换算以便确定线条的长度。

· 将顶部的每一条垂直线条连接起来。新添
  加的线条应该与平面图相平行。

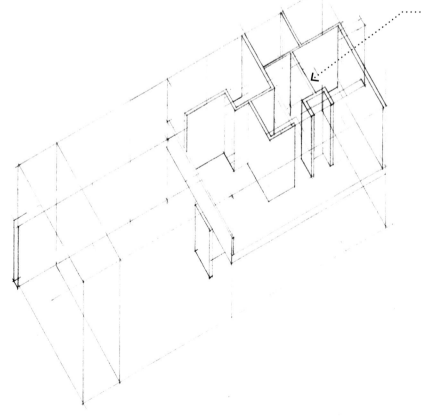

主要空间

· 用细线确定项目中主要的空间、墙壁和表
  面开口等。

· 在左侧的例图中,天花板、前面和左面的
  平面都特意没有画出,以便更好地展示室
  内空间。

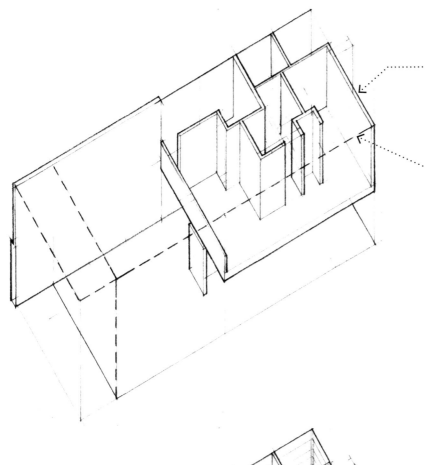

空间轮廓线和虚线

空间轮廓线和虚线可用于确定图稿中不同部件的相互关系。

· 用中等线来确定图稿中各部分的空间轮廓。

· 用虚线来确定图稿中被隐藏的主要表面。

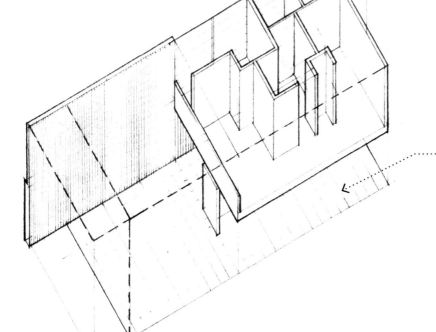

表面样式

对表面样式和材料特性的绘制有助于图稿中各个表面的直观定位。

· 用细线标示出表面样式的图案或表面材料的变化。

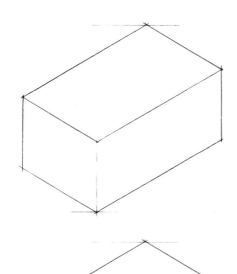

构建等视图

由于等视图不能直接根据平面图来构建，所以这种图稿往往是用组合法或删减法来绘制。

轮廓

· 用建构线确定等视图的整体轮廓。

· 极细的建构线可帮助确定单张图稿或同一张绘图纸上多张图稿的整体范围。

· 左侧的例图是一张30°等视图。

· 平面图中的水平线和垂直线在这张等视图中就变成了与水平面成30°角的斜线。

· 每一条线的长度都是按照比例计算过的。

主要部件

· 用细线确定设计中主要部件的位置。

· 在左侧的例图中，各部件的尺寸是根据已有的家具平面图和立面图测量得来的。

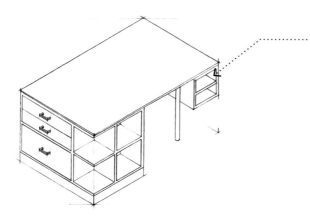

平面轮廓

· 用细线确定图稿中每个部分的平面轮廓。

· 在左侧的例图中，置物架和抽屉都是用细线绘制的。

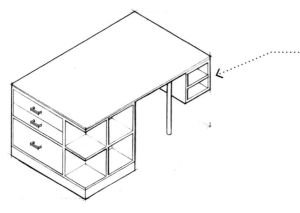

空间轮廓

确定了空间轮廓也就确定了图稿中不同部件之间的空间关系。

· 用中等线来确定图稿中每个部件的空间轮廓。

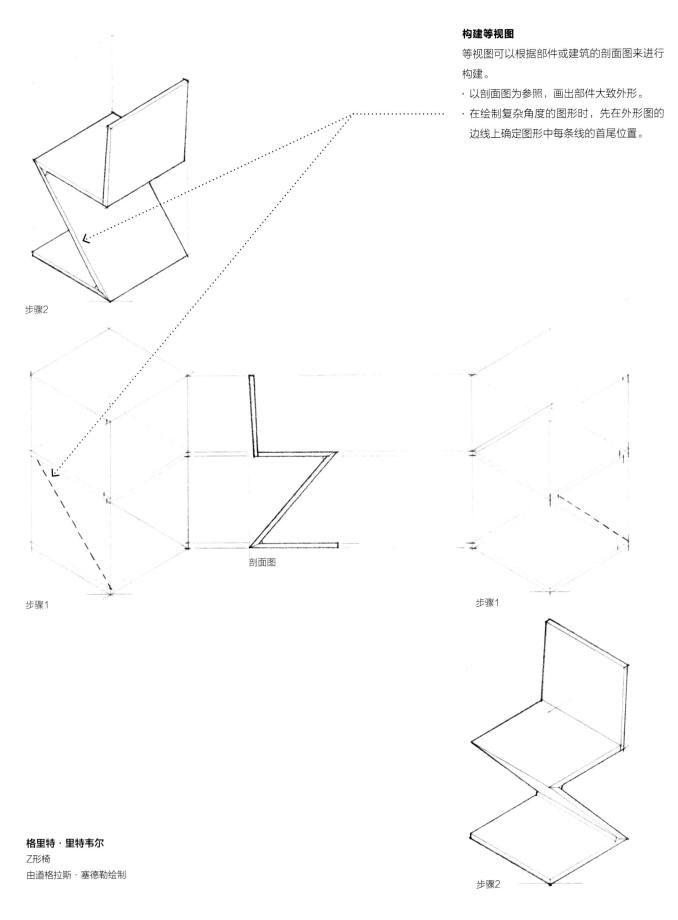

构建等视图

等视图可以根据部件或建筑的剖面图来进行构建。

· 以剖面图为参照，画出部件大致外形。

· 在绘制复杂角度的图形时，先在外形图的边线上确定图形中每条线的首尾位置。

步骤2

剖面图

步骤1

步骤1

格里特·里特韦尔
Z形椅
由道格拉斯·塞德勒绘制

步骤2

练习：线宽

该练习可帮助你更好地理解如何用不同的线宽来表现轴测图中的空间比例。

· 用粗线小心地描画右图中每一个图形的轮廓。

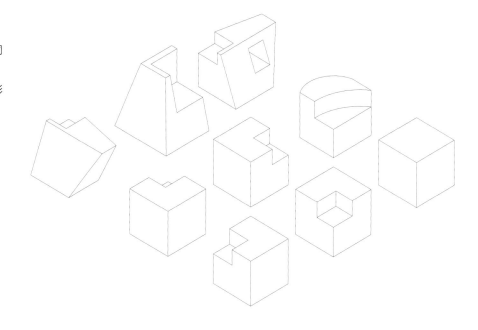

练习：线宽

该练习可帮助你更好地理解如何用不同的线宽来表现轴测图中的空间比例。

· 用粗线小心地描画右图中的图形外部轮廓。

· 用中等线小心地描画图形内部轮廓以及墙壁开口。

· 用细线在图中画出102mm（4英寸）宽的木边。

等视图
未按比例绘制

练习：绘制斜轴测图

该练习可以帮助你更好地理解如何根据平面图来构建斜轴测图。

· 用下面给出的平面图作为参考，构建该房间的斜轴测图。

· 按⅜″ = 1′-0″的比例绘制。

· 门楣和门的开口距地面2286mm（7英尺6英寸）。

· 窗楣距离地面2286mm（7英尺6英寸）。

· 窗台距离地面610mm（2英尺）。

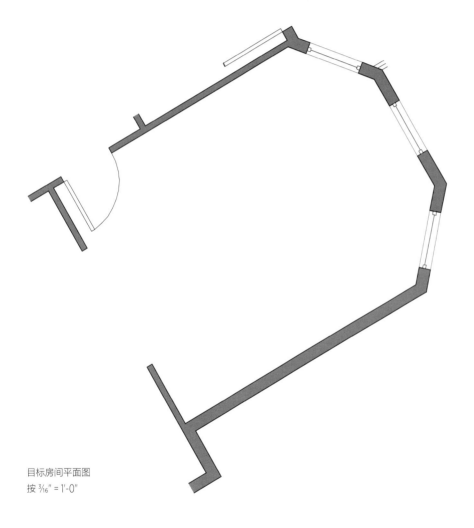

目标房间平面图
按 ³⁄₁₆″ = 1′-0″

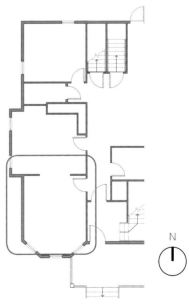

主平面图

Chapter **9**

透视图

本章介绍的是透视图。在所有的图稿类型中，建筑或室内房间的透视图是最需要经验的一种。在构思的过程中进行图稿绘制时，透视图能让设计师更全面地了解他们设计的空间会带给人一种什么样的真实体验。

本章将教你如何根据基本的透视法则徒手绘制透视草图。单点、两点和三点透视图都会在本章中进行相应的介绍，其中会着重讲述如何将透视图作为一种构思工具运用到设计中。

在阅读本章内容的同时，思考下列问题：

· 如何运用透视图产生和完善设计理念？

· 如何将基本的透视法则应用到复杂的图形，如家具的绘制过程中？

· 如何在设计过程中应用透视图？

透视图是从一个有利视角模拟空间的真实视图。透视图与照片相似，都是对空间视图进行单视角的快速捕捉。

在设计室内空间时，透视图的绘制是一个典型的非线性过程。无论是在校生还是已经进入设计行业的设计师都会反复交替使用手绘透视草图、拟制透视图以及数字模型来完善他们的设计。在透视图中做出的修改要同样应用于平面图、剖面图和立面图，再在这些图稿中进行探究和修改，这些修改也要同样体现在透视图中，从而得出最终的完善图稿。

透视图的基本原则

所有的透视图都需要遵循以下三条基本原则。

· 交汇原则——相互平行的元素，如墙壁和家具等，其垂直于水平面的轮廓线在透视图中延长后应交汇于一点，

· 缩减原则——实际尺寸相同的元素，在透视图中的位置越远则应越小。

· 收缩原则——部件距离观察者越远，它们之间的距离越小。

透视类型

共有三种在建筑设计和室内设计中常用的透视图类型：一点透视图、两点透视图和三点透视图。在一点透视图中，水平线会在最前方交汇成一点；在两点透视图中，水平线会在图稿两侧分别交汇于两点；在三点透视图中，水平线和垂直线分别交汇于三点。本章后半部分会对这三种透视图进行详细的介绍。

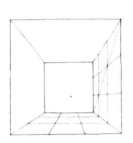

收缩原则

交汇原则
缩减原则

手绘透视图

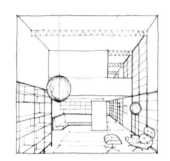

手绘透视图一般被用于在设计初期快速探究和设计空间体验。这些粗略的透视草图是在平面图完成之前绘制的，用的是典型的以三点透视模块为基础的绘制方法。手绘透视图还可通过描画室内空间或物理模型的照片来完成，同样可在构思过程中被用于发展设计理念。

徒手拟绘透视图

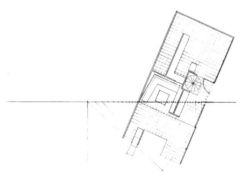

徒手拟绘透视图比起手绘透视图能更精确地展示空间状况，因为它们是根据平面图、剖面图或立面图来构建的。拟绘透视图在构思过程中的运用较少，因为绘制这种图稿需要花费很多的时间，而且通常要求所绘制的设计方案是最终方案。虽然徒手拟绘透视图在实践中并不常见，但对于设计专业的学生来说，熟悉徒手拟绘透视图的相关技巧是至关重要的，这可以帮助他们在绘制透视草图时也能够熟练地运用相关的绘图规范。

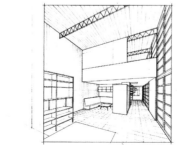

数字透视图

一个常见的用透视图进行设计的方法就是通过数字模型来产生粗略的透视图，然后打印出来作为参照。设计师们会用这些打印图稿作为底图，以确定消失点的位置以及透视图中建筑或室内空间的整体轮廓。在确定了这些内容后，设计师们会在图稿上描画一系列新的手绘透视图，以便修改和完善设计方案。一个简单的数字模型就可展示出设计空间的整体外观和准确高度，而且创建一个这样的模型比绘制一张徒手拟绘透视图要节省很多时间。用这样一个模型就可以产生无数不同角度的图稿，以便设计师们从不同的视角检视自己的设计。

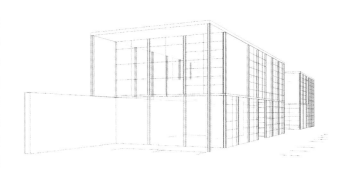

这些手绘透视草图用于探究在一系列设计空间中的移动路线。这些草图都是一点透视图，是以三点透视模块的图形为基础构建的不同透视图。在右图中设计师用注释和颜色来标示不同的材料和关注点。每幅图中都画了一个模拟人物以便表现每一个设计空间的比例。这些图中很多地方都出现了箭头，这些箭头的作用是标示出人们在这个空间内可能的视线方向和移动方向。

早期透视图中的文字性注释是很有用的，因为它们可以帮助设计师在设计后期回想起他们的设计理念。一些微小的注释，如小字或箭头等，可以在设计师无法亲自到场进行说明的场合直观地表现他们的构思，例如在现实生活中经常出现用邮件将设计图发送给客户或通过电话会议进行项目讨论的情况。

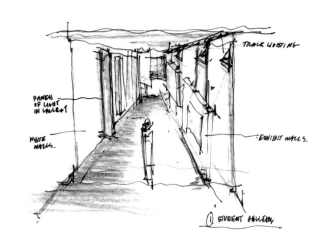

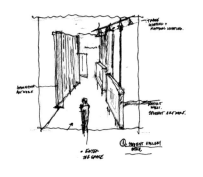

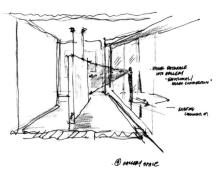

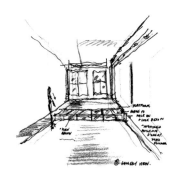

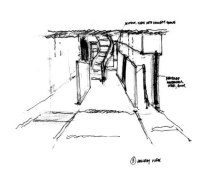

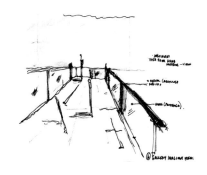

萨拉·艾根
用墨水笔和彩色铅笔绘制的透视草图
波士顿建筑大学
巴黎工作室

虽然本页的两点透视图中展现的空间关系比典型的手绘透视图要复杂，但即使是刚开始学习建筑设计或室内设计、只知道基本透视法则的学生也是可以绘制出这样的图稿的。

这些图稿是一名学生经过测量计算，在没有平面图或任何其他图稿的辅助下绘制而成的。这名学生根据他对透视法则的理解，如交汇原则和缩减原则等，使透视效果更为合理。图稿背景中的描线同样可以增强透视准确性，并且留出了添加细节的空间。

这些图稿是这名学生在不同的设计阶段绘制的。左侧中的渲染透视图是用于进行最终演示的，而下面的4幅草图则主要用于进行信息回顾以及表现室内空间品质。

渲染透视图终稿

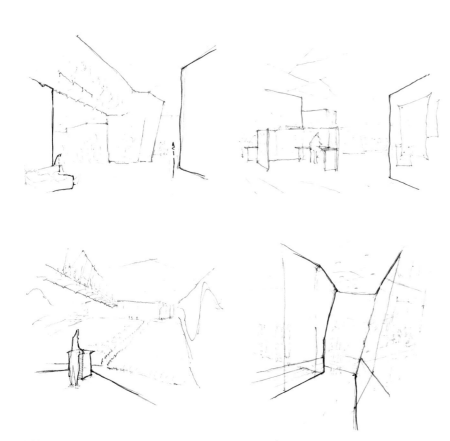

凯文·阿斯穆斯
描图纸墨水透视图，
半透明纸铅笔透视图
波士顿建筑大学
学位项目工作室

钢笔画

下方右侧透视图是徒手拟绘的透视图，这些图是在项目的后期进行绘制的，用于探究人们在图中展示的室内空间里走动时，其视野效果是怎么样的。

在这类徒手拟绘的透视图中，透视效果是直接根据平面图来创建的。观察者的位置（也称为视点）应在平面图中标出，视线方向也应画出，其位置是从视点到平面图然后向下到透视图。在绘制透视图时如果用到了平面图，那么在透视图中做出的修改也应该反过来体现到平面图中。

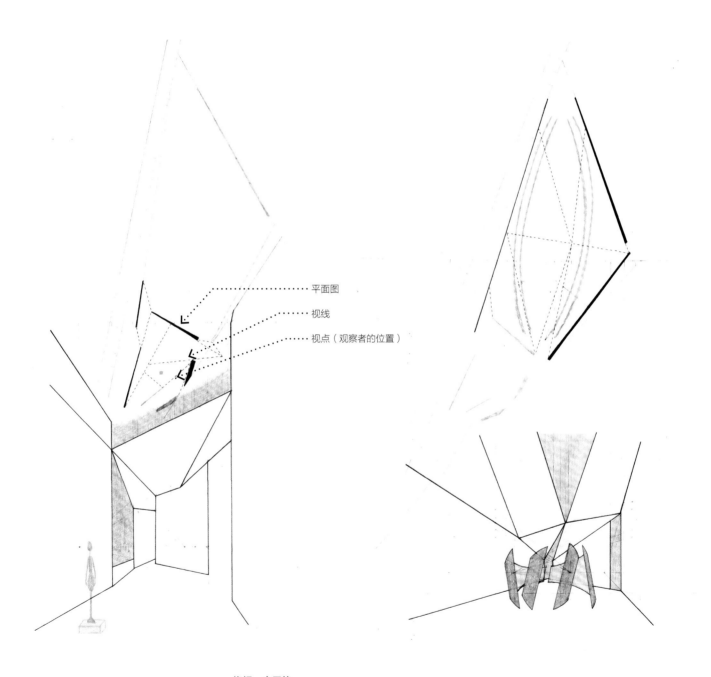

平面图

视线

视点（观察者的位置）

梅根·克里格
徒手拟绘透视图
波士顿建筑大学，研究生A工作室，展览空间项目

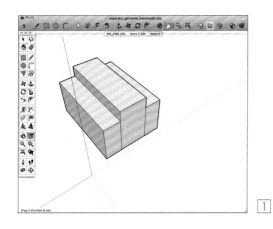

左侧的这些草图是根据数字模型创建的，用于帮助设计师为室外立面图绘制出更为精确的透视图。下面是绘制透视图的步骤。

· 步骤1：在数字绘图软件SketchUp中创建一个简单的建筑模型，并模拟街道视角调整视图。

· 步骤2：将该视图打印出来作为底图以完善建筑的立面图设计。

· 步骤3：在底图上覆盖描图纸以绘制一系列速写图。通过这些草图就可以进行入口、窗户位置以及建筑外观的设计。

· 步骤4：根据这些草图绘制出更为精细的透视图，为构建立面图提供不同的选择。在建立多个设计方案时，设计师可以通过对比和评估每一套方案的优劣点快速地调整自己的设计理念。

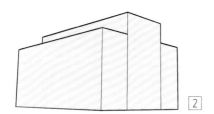

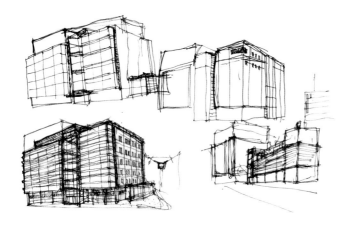

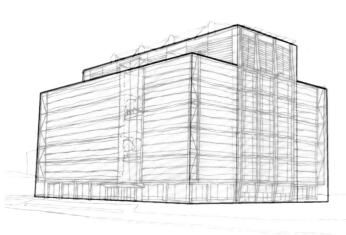

克里斯托弗·安吉拉凯斯
透视草图
剑桥建筑资源中心

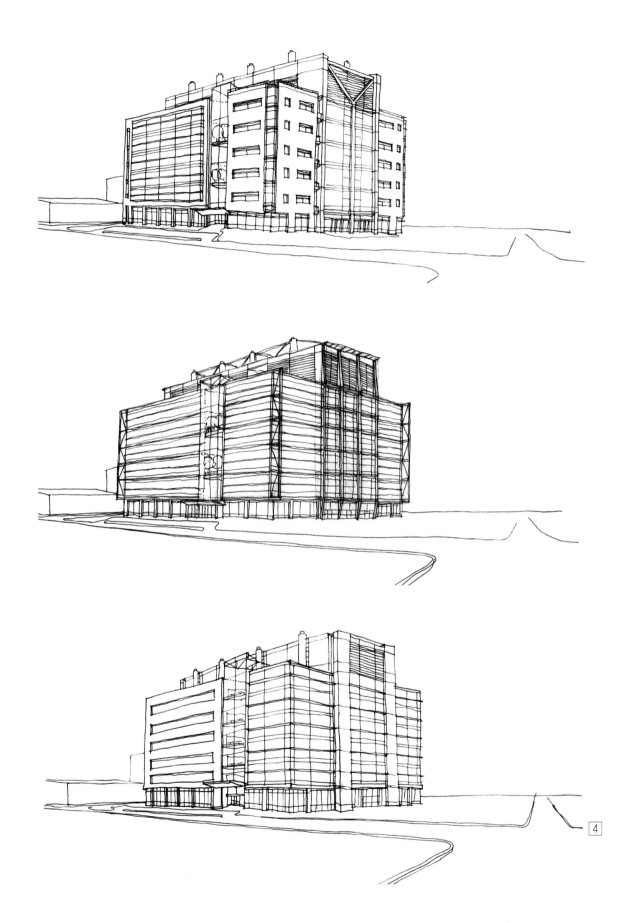

4

透视图这种图稿类型有其相应的特殊术语。要了
解如何绘制透视图，就要先了解这些术语。

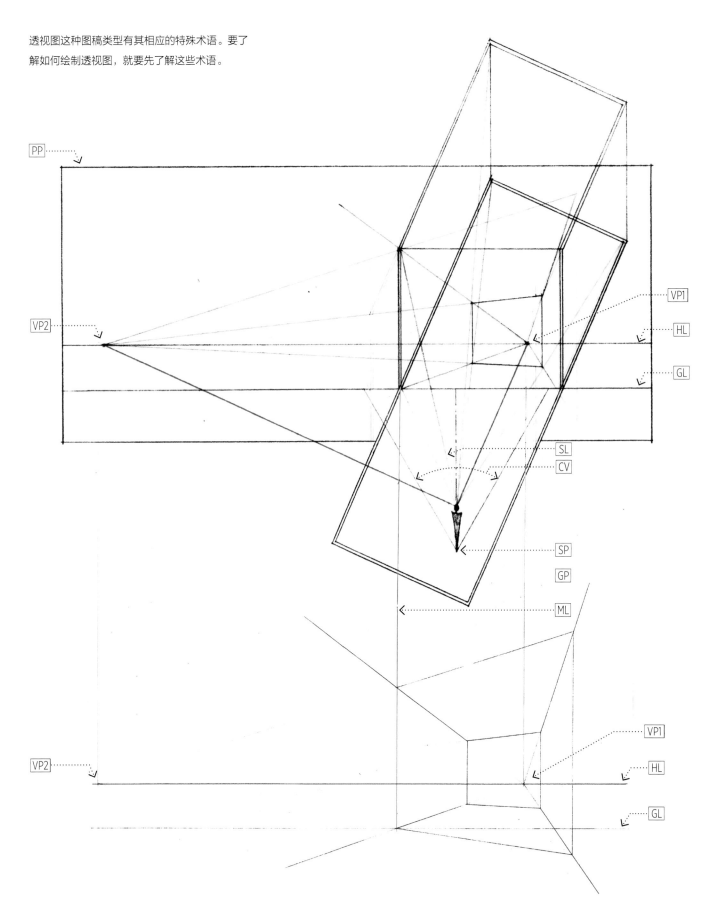

显像面（Picture Plane，PP）

· 显像面是用于绘制透视图的半透明表面。在大部分透视图中，显像面一般被安排在视点和观察对象之间。最好的构想一个显像面的方法就是看窗外的视图。如果你是在窗户玻璃上描画图稿，那么整个窗面就可以看作是显像面。

· 显像面的位置与部件、视点以及透视图的比例有关。

· 显像面与视图中心轴线的角度是固定的90°，而显像面与图稿内空间或部件之间的角度决定了该透视图是一点透视、两点透视还是三点透视。

消失点（Vanishing Point，VP）

· 相互平行的各元素的轮廓线在地平线上会交汇于一点，这一点就是消失点。一点透视图中有一个主要的消失点；两点透视图中有两个主要的消失点；而三点透视图则有三个消失点。

地平线（Horizon Line，HL）

· 地平线展示了观察者的水平视线位置。如果观察者是站着的，则地平线应距离天然地平线大概1524mm~1829mm（5英尺~6英尺）。若观察者站在有一定高度的位置，如站在楼梯上，则地平线与天然地平线的距离应该和观察者的水平视线位置与地面的距离一样。

· 在一点透视图、两点透视图以及三点透视图中，数条水平线会交汇于地平线上的一点。

天然地平线（Ground Line，GL）

· 地平面与显像面的交界线。

视线（Sightlines，SL）

· 视线是从视点到绘制对象之间的线条。视线与显像面的交界线的位置决定了图稿中消失点的位置。

视锥（Cone of Vision，CV）

· 视锥是指观察者在透视图中的视图。这个锥体是在平面图上绘制的一个内角为60°的等边三角形，用于指示设计师如何规划透视图的外部范围。在这个60°的锥体之外的部件看上去就是扭曲的，而如果是圆形部件在30°角的范围之外会扭曲得更严重。

· 这个锥体的中心轴线（Central Axis of Vision，CAV）就是锥体的中心线，这根线决定了视图的方向。

视点（Station Point，SP）

· 视点就是观察者在空间内的位置。在拟绘透视图时，视点会在平面图中标示出来。

地平面（Ground Plane，GP）

· 地平面就是在透视图中表示地面的平面。

测量线（Measuring Line，ML）

· 测量线是一条水平或垂直的线，用于测量空间的真实宽度或高度。在一点透视图和两点透视图中，这条线的方向与显像面是一致的。常见的测量线是在主要垂直墙面与显像面的交界线上，以便于在透视图中更便捷地转换垂直尺寸。

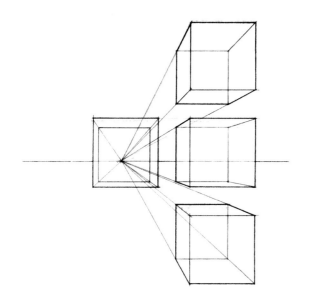

透视图的三种主要子类型图主要是在观察空间或物件的视角上有所不同。

一点透视图

在一点透视图中，空间或部件的正面和背面都与显像面是平行的，与立面图相同。在一点透视图中，有三种不同的线条：水平线、垂直线和透视线。透视线决定了部件的边缘范围，所有的透视线都会交汇于消失点。

一点透视图经常应用于构思过程中，因这种图可很容易地根据立面图或剖面图构建出来。图中的仰角是从正前方绘制的，所以一点透视图的视图效果比两点透视图更死板一些。然而，这种特性也在需要强调空间对称或轴对称特点时使一点透视图能够发挥其独特的潜力。

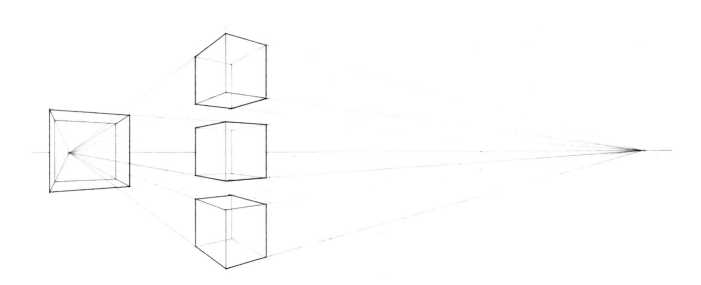

两点透视图

在两点透视图中，房间、建筑或部件的垂直边缘都是与显像面平行的。两点透视图中的所有线条不是垂直线就是透视线。空间的水平轮廓线会和透视线一样交汇于两个消失点；而空间的垂直轮廓线则保持不变。我们在现实生活中观察到的大部分空间都是两点透视图，墙壁与我们眼睛的视图中心轴线是成一定角度的。

两点透视图是对空间视图更为真实的模拟图，而且图中出现的扭曲现象也要比一点透视图或三点透视图明显少很多。通过调整两点透视图的视角以及视图锥的位置，设计师们可以绘制出非常灵活的动态透视图。

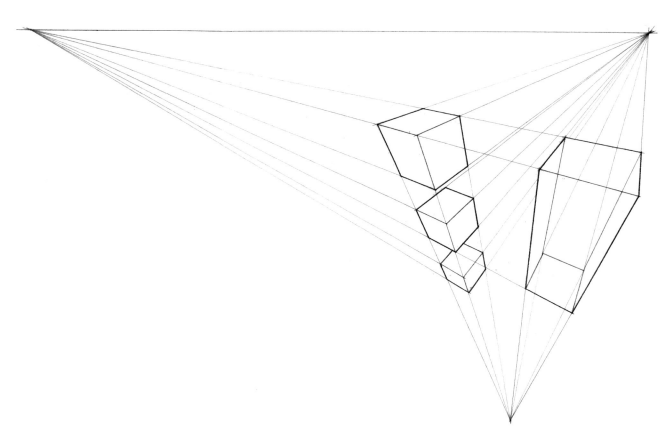

三点透视图

在三点透视图中，所有轮廓线都是倾斜的，
与显像面成一定角度，而且所有的线都是透
视线。水平轮廓线会于地平线上的两个消失
点交汇，而垂直轮廓线则会于地平线上方或
下方的第三个消失点交汇。当你从上面或下
面观察一个物体时，你的视图效果就是三点
透视视图。

三点透视图是三种透视图中最灵活的一种，
因为它有三个消失点，而其绘制起来也更费
力一些。在三点透视图中，部件和空间看起
来要扭曲得更多一些，因为垂直线在图中是
倾斜的。三点透视图在室内设计中的应用较
少，但是在描绘建筑或老城市的俯视图或仰
视图时非常适用。

绘制透视图时，基本上所有物体都可以用立方体中的基本图形表示出来。通过分解、延伸以及调整立方体图形，可以创建更为复杂的图形。下面列出的这些绘制技巧可以帮助设计师们更快地绘制出透视图形，并可将其应用于三种透视图的任何一种。

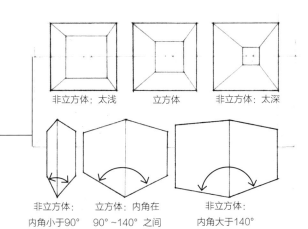

非立方体：太浅　　立方体　　非立方体：太深

绘制立方体

通过绘制透视立方体，设计师可以将部件的长、宽、高结合起来，并以此比例来进行透视图的手工绘制。

非立方体：　　立方体：内角在　　非立方体：
内角小于90°　　90°~140°之间　　内角大于140°

确定部件中心

要确定一个透视矩形平面或透视立方体的中心时，可绘制两条对角线，这两条线的交叉点即为中心点。这个技巧常用于确定家具中部分部件的中心，以便绘制家具图的底图。

平均划分部件

通过确定中心点并绘制多条对角线，矩形部件可被划分为等体积的多个部分。

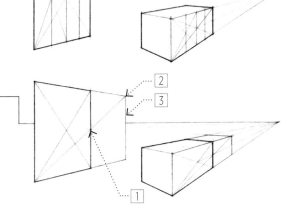

延伸部件

一个部件可通过下列步骤"复制"出同等高度或深度另一个部件。

· 步骤1：确定部件边长上的中心点，并以此点构建延伸线。

· 步骤2：将其中一个棱角点和这个中心点用直线连接起来，并延伸至顶端边缘线以创造交叉点。

· 步骤3：延伸底端边缘线，并从步骤2中创建的交叉点开始向下画一条垂直线，以完成部件轮廓。

这个技巧常用于绘制窗台、柱子以及其他同等体积的重复元素。

用测量线划分部件

用部件的某一边作为垂直测量线，可将部件划分为不等大的多个部分，而高度测量线可转换为深度测量线。

· 步骤1：在测量线外标示出预计的高度尺寸。

· 步骤2：根据这些高度标示画出透视线，这些透视线应交汇于消失点1。

· 步骤3：在矩形平面上画一条对角线。

· 步骤4：从对角线与透视线的交点处向下画垂直线，从而在垂直面上将高度尺寸转化为深度尺寸。

· 步骤5：要将垂直面上的深度尺寸转换到水平面上，只需根据垂直线与水平面的交叉点位置在水平面上画数条透视线即可，这些透视线应交汇于消失点2。

· 步骤6：重复步骤3~5，从而将地面按反方向进行划分。

这个技巧常用于绘制地面样式或创造透视方格以便作为透视图中各部件位置的参照。

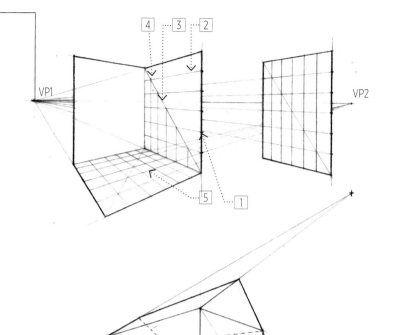

绘制斜线

相互平行的斜线与显像面成一定角度，并交汇于地平线上方或下方的消失点。若要绘制一系列斜面，如图中的左侧屋顶，上下消失点与地平线的距离应是相同的。

绘制圆形

当需要绘制在显像面上呈倾斜视图的圆形时，则应将其绘制成椭圆。要画一个圆形，首先应画一个矩形，然后用对角线划分这个矩形，并确定中心点。要确定矩形内椭圆的位置，只需把从对角线中心点到棱角点之间的部分平均划分为三段，标示出两个位置点，靠棱角点的位置点就应正好落在椭圆的轮廓线上。

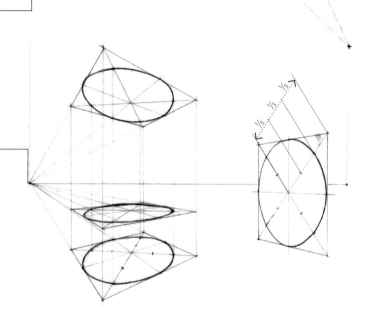

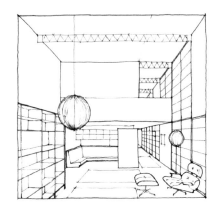

构建透视图的方法有很多。选择哪种方法取决于设计师所处的设计环境、设计时间,以及想要哪种精细度的透视图。下面将会介绍几种最为常用的构建方法,并会在下面几节给出详细的步骤说明。

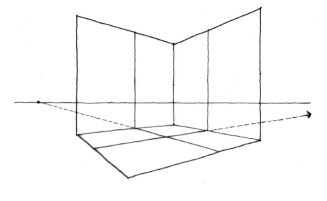

徒手法与估算法

徒手法或估算法是根据空间的高度和宽度绘制草图的方法。空间的高度是设计师用其绘图能力估算出来的。这种能力实际上就是经验:你画的透视图越多,你对空间、建筑或家具部件的尺寸比例估算能力就越强。估算高度以及徒手绘制透视图的最简单的方法就是先画一个透视立方体,然后用对角线将其进行划分或延伸,就如前面内容所述。

用徒手法或估算法绘制的透视图可以不依靠平面图、剖面图或立面图来构建,所以在构思阶段它们是非常好用的绘图方法。在所有绘制透视图的方法中,这两种方法是最快速的,而且也是设计师在整个设计过程中都会用到的,从而使得他们可以在三维空间中探究自己的设计理念。

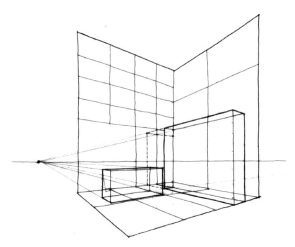

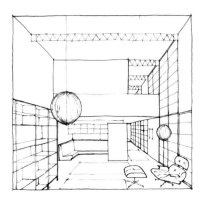

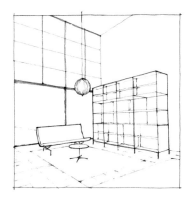

对角点法

对角点法是在一点透视图中以徒手法的相关技巧为基础，利用图稿轮廓上的定位点来测量空间高度的方法。下面是这种方法的两个优点。

· 这种方法是根据平面图、剖面图或立面图进行绘制的，这使得确定各部位在图中的位置变得很容易。

· 相比通用法（下面会介绍），用这种方法绘制透视图需要的绘图空间更小，因为消失点与透视图的距离更近。

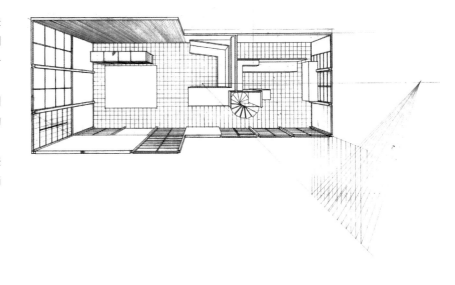

通用法

通用法需要根据平面图加上剖面图或立面图来构建空间高度。平面图一般会呈现在纸面上端，其所用比例决定了透视图的比例。通用法需要花费更多的时间，不过也更为精确，因为其高度尺寸是直接从平面图中获取的。由于在时间上有所限制，所以一般在设计后期才会用到这种方法。本章会给出一个用通用法绘制透视图的步骤解析案例，告诉你应该如何根据这些步骤绘制出一点透视图。

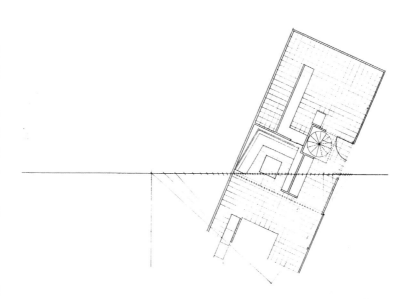

数字底图法

数字底图法是用徒手绘制透视图的技巧来创建数字模型，然后再将其打印出来作为底图的一种方法。这种方法要求能够掌握数字绘图软件的基本使用方法，如SketchUp或Revit，进而能够根据空间的长、宽、高来创建基本模型。要创建模型应先将手绘平面图以及立面图扫描进电脑中作为基础，或者也可以直接在电脑中创建新的模型，如案例分析4中所示。本书第十章会给出用数字底图法绘制透视图的步骤解析案例。

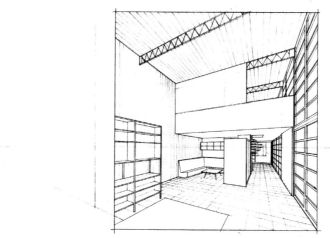

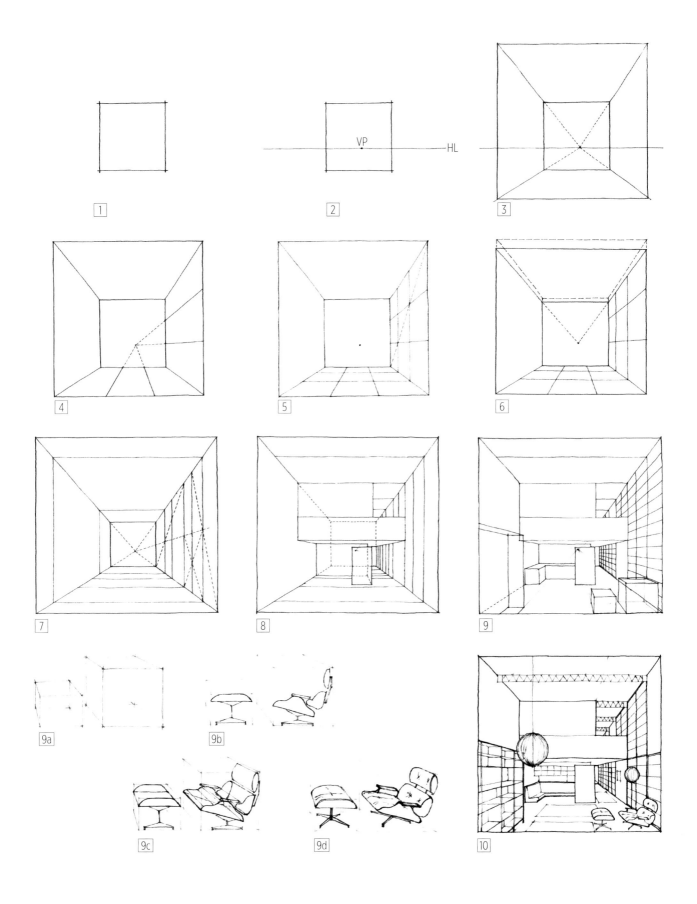

步骤1：绘制显像面

画一个矩形，矩形的一边按比例换算后应与你要绘制的空间的宽度或高度相等。例如埃姆斯宅邸的客厅是508mm（20英寸）宽。矩形的边缘在之后的绘图过程中会用作测量线使用。

步骤2：地平面以及消失点

在矩形底边以上大约1524mm~1828mm（5英尺~6英尺）的位置画一条水平线。这条线就是地平线，代表的是观察者视线的位置。在地平线上确定消失点的位置。

通过把地平线设定在距离矩形顶边或底边较近的位置，可以创造较高或较低的视角。

通过把消失点设定在矩形中心附近可创造更为对称的视图。

通过把消失点设定在距离矩形某一条边线较近的位置，可强调对面边线所在的墙面效果。

步骤3：绘制立方体

从消失点到矩形的各个棱角点绘制透视线。这些透视线就代表了地板、墙壁以及天花板。将这些线用一个大的矩形连接起来，以创建三维立方体。

步骤4：确定宽度和高度测量线

将第一个矩形的边长划分为等长的线段，再将消失点和线段点连接起来，从而将立方体的宽度和高度均划分为等长的数个部分。

步骤5：确定深度测量线

在墙面画一条对角线。从对角线与高度测量线的交叉点出发绘制垂直线，从而将立方体的深度划分为等长的数个部分。

步骤6：调整房间的宽度和高度

调整第一个矩形的轮廓，使其符合你要绘制的房间轮廓。绘制穿过轮廓线上的各个棱角点的透视线，以绘制前面的大轮廓。在上页呈现的例图中，天花板的高度降低了305mm（1英尺），以创造5791mm×6096mm（19英尺×20英尺）的房间。

步骤7：调整深度

通过以对角线划分原有的深度测量线可延伸房间深度。在上页呈现的例图中，室内空间向前延伸出了半个立方体的空间，向后延伸出了两个立方体的空间。

步骤8：绘制室内墙面

用透视线构成的方格作为参照绘制室内墙面。可根据第一个矩形添加新的宽度和深度测量线。

步骤9：确定家具的位置并进行绘制

以立方体表现家具的大致外观并在平面图中标出其位置。对于线性家具，立方体还可被划分为不同部分以创建透视效果。而更复杂的家具，如埃姆斯椅，则按照下列步骤根据立方体（9a）来绘制。

· 9b：在立方体的前立面上绘制出椅子的立视轮廓。

· 9c：向着消失点延伸此立视轮廓，然后在立方体的后立面上绘制出一个同等外观但尺寸偏小的轮廓线。

· 9d：描绘此延伸出的立视轮廓以完善椅子的视图效果。

步骤10：添加细节

通过添加小元素和表面样式来增强透视效果。球面部件在透视图中可画成一个圆。

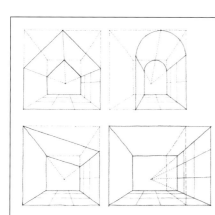

通过调整最初的立方体可产生无数复杂的房间轮廓。图中的拱形天花板看上去像个圆形，因为它与显像面是平行的。

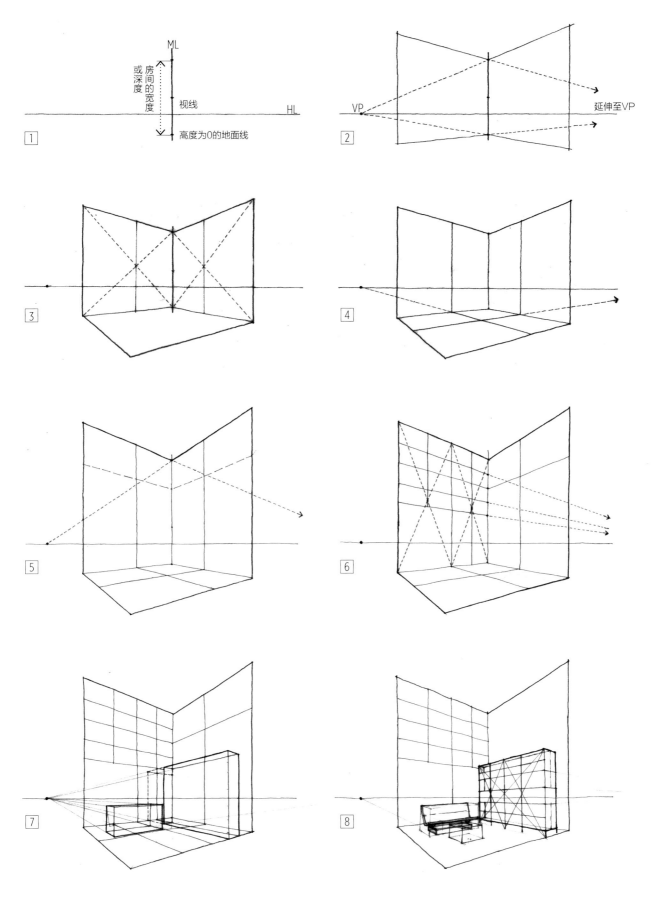

步骤1：创建透视效果

· 按比例绘制一条垂直测量线，然后标示出下列内容：地板线（无高度）、水平视线以及房
间的宽度线。在水平视线上再画一条水平线作为地平线。

步骤2：画出房间的边缘

· 在测量线周围确定消失点的位置，第二个消失点的位置要离测量线更远一些。

· 从消失点出发，沿着测量线上的顶端和底端标示绘制透视线。

· 在每一个平面上画一条垂直线以确定前立面的位置。调整这些线的位置使每一个平面或墙
面的轮廓看上去都是矩形。

步骤3：确定空间的中心线

· 从各个消失点出发连接前立面的下方棱角点绘制透视线，从而确定地板平面范围。

· 在每一个墙面上绘制两条对角线。根据两条对角线的交叉点位置找到每一个平面的中心
点，并从中心点出发绘制垂直线。

步骤4：把深度测量线投射到地面上

· 从各个消失点出发绘制透视线，从而把地面划分为等大的四个矩形。这些透视线应穿过中
心线与墙面的交叉点。根据房间的复杂程度，你可以把空间分割成更小的单元以便于确定
室内元素的位置。

步骤5：调整房间的高度和宽度 —————

· 通过在测量线上标示新的高度或添加对角线来延伸房间的轮廓线。

步骤6：标示墙面部件

· 标示出嵌入墙面或贴着墙面的部件位置，如窗户、家具或门。先确定这些部件的位置可以
帮助你确定房间内其他部件的位置。

步骤7：绘制房间内部件的外部轮廓

· 根据步骤4和步骤6中创建的深度测量线和部件位置绘制立方体，以此来代表这些室内元素
的外部轮廓。

步骤8：进一步描绘室内元素

· 将立方体划分成更小的部分，为各部分添加透视效果。

步骤9：添加细节，完成图稿 —————

· 为图稿添加各种细节，并在透视图周围画一个矩形以作为最终视图。将地面和墙面延伸到
矩形边缘，从而使矩形填满整个图稿。

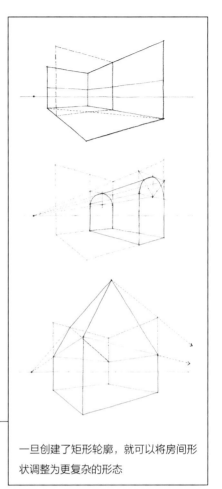

一旦创建了矩形轮廓，就可以将房间形
状调整为更复杂的形态

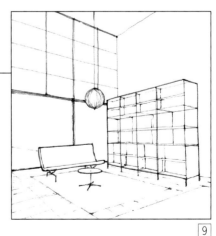

9

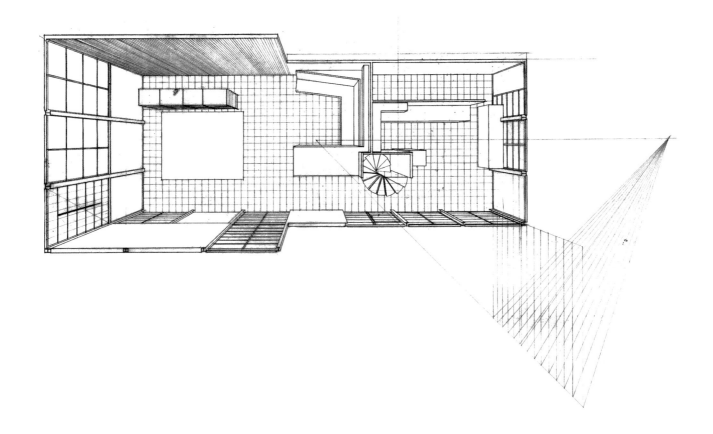

对角点法

下面的例子通过一点平面透视图介绍了对角点法的主要操作方法。
平面透视图是将常规的平面图与透视图结合起来以呈现房间或建筑
的俯视图。这种类型的图稿在需要展现小规模室内空间的整体布局
时非常适用，也常用于代替平面图来表达建筑中多个房间的相互空
间关系。

平面透视图是直接在楼层平面图上进行构建的，而且所有的部件都
是朝向一个单独的消失点围绕着图稿中心分布。根据需要绘制的空
间的尺寸，楼层平面图的比例可从⅛″ = 1′-0″的建筑比例到½″ = 1′-0″的
房间比例（如浴室）不等。

若要构建剖面透视图也可以用这种方法，只要用剖面图来代替平面
图，先画出地平线，再在图稿中心确定消失点的位置，然后按剩下
的步骤进行绘制即可。

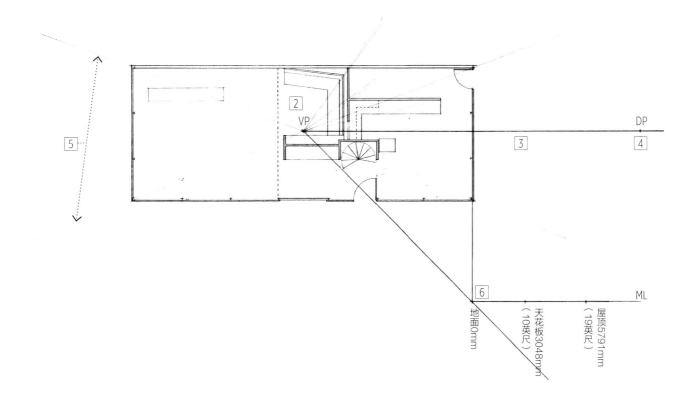

步骤1：绘图准备

· 在楼层平面图上覆盖一张牛皮纸或描图纸，将平面图置于牛皮纸或描图纸左下⅔处。

步骤2：确定消失点的位置

· 在平面图上或想要突出强调的图稿范围的中心位置画出消失点（vanishing point, VP）。这个点的位置就决定了整个图稿的焦点位置。

步骤3：绘制地平线

· 从消失点出发向图纸的右侧画一条水平线以作为地平线。

步骤4：确定对角点的位置

· 在地平线上确定对角点（diagonal point, DP）的位置。消失点和对角点的距离应大于或等于楼层平面图的宽度。这个距离就决定了图中的墙壁会按透视法缩短的距离。

步骤5：绘制空间角落

· 从消失点出发绘制透视线，一直延伸到主墙的各个角落。

步骤6：确定测量线

· 从平面图的右下角向下绘制一条垂直建构线，然后从这条线的终点向右绘制一条水平线，一直延伸到图纸边缘。这条水平线就是垂直方向的测量线。

· 按照平面图的比例将各个垂直数据标示在这条测量线上。

· 在垂直建构线的终点，即水平测量线的起点上标示的应是地面高度（0mm），从消失点到这一点画一条对角测量线，这条线就可用于将透视尺寸转化到平面图中。

调整测量线的位置

· 如果测量线是向右绘制的，则平面透视图就应该在平面图上向上进行构建（墙面向上延伸）。如果测量线是向左绘制的，则垂直的墙面就应该向下延伸，以创建缩小透视效果。

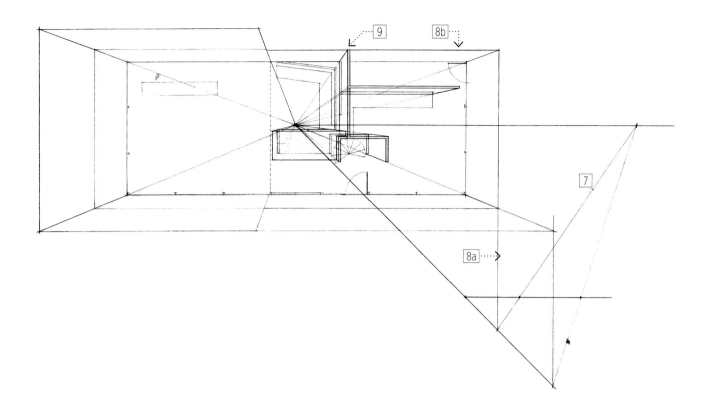

步骤7：将高度表现到透视图中

· 从对角点出发穿过测量线上的天花板标示点画一条线，并延伸到对
  角测量线上，与对角测量线交于一点。

步骤8：绘制外墙

· 8a：以步骤7中产生的点为起点向上绘制一条垂直线，这条垂直线
  与平面图中向右下方向投射的透视线的交点即构成房间的右下角，
  而这条线与平面图的右侧地板边缘线则构成了右侧墙面。这条线本
  身就是右侧天花板边线。

· 8b：在房间另外三面也画出天花板边线，以确定外墙位置。

步骤9：绘制内墙

· 外墙位置确定之后，以内墙与外墙的交叉点为起点绘制内墙。

· 如果有需要可以从消失点投射出更多的透视线，以便确定内部隔墙
  的边缘。

注意： 平面视图展现的是房间的地面；平面图中的墙面轮廓表示的
是墙面的根部。楼层平面图相当于透视图的显像面，也就是说平面
图中的真实宽度和深度尺寸可能会被提取应用于透视线的绘制，以
构建精确的高度效果。

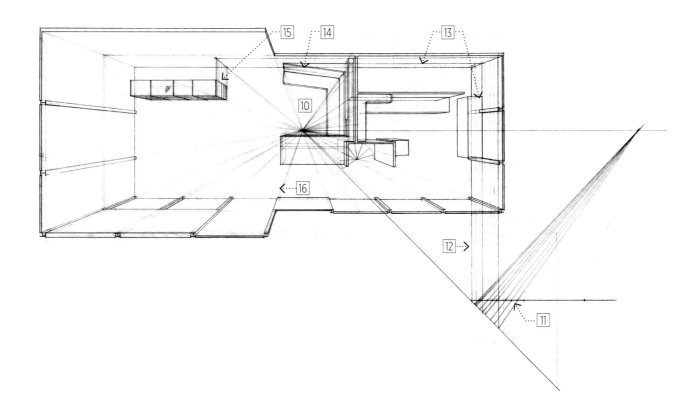

步骤10：确定透视图中的家具边角

· 要在图中添加家具时，应先从消失点出发连接紧贴外墙的家具的各
个边角画出透视线。

步骤11：测量家具高度

· 在测量线上标出家具的高度，将对角点与这些高度点连接起来，并
延伸到对角测量线上产生交叉点。

步骤12：将高度尺寸绘制到透视图中

· 从上一步中产生的这些交叉点出发向上绘制垂直线，通过这些垂直
线就可以将测量好的家具高度在房间的右下角表现出来。

步骤13：将高度尺寸应用到部件中

· 将步骤12中绘制出的垂直线延伸到右上角，与墙面透视线产生交
叉点，再从这些交叉点向左绘制水平线，使所有这些垂直线和水平
线与步骤10中绘制的家具透视线产生交叉点。

步骤14：绘制家具顶部

· 根据步骤10中绘制的透视线与步骤13中绘制的垂直线或水平线的
交叉点确定家具各个边角的透视位置，绘制出家具的顶部平面。顶
部平面的各边边线应与楼层平面图中的家具轮廓平行。

步骤15：绘制房间中的家具

· 要绘制房间中不与外墙相邻的家具时，应先延伸家具的水平或垂直
轮廓线，直到与外墙产生交点。从消失点出发到这些交点绘制透视
线，并重复步骤11~13以确定家具高度。从家具轮廓延伸线与外墙
的交点位置绘制水平线或垂直线，以确定家具的顶部轮廓。

步骤16：绘制外部门窗

· 在家具都绘制完成后，再绘制墙面上的门、窗或柱子，以避免将
门、窗或柱子的轮廓线与其他建构线相混淆。在上面的例图中，柱
子的透视线是从消失点连到天花板边线的。

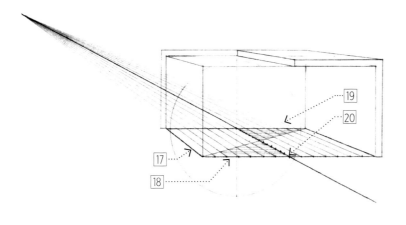

要在房间内绘制复杂部件或小尺寸部件时，先将这些部件以大的比例单独绘制出来，然后按比例缩小，在透视图中进行描绘。

左图中，旋转楼梯被单独提取出来，按照大比例进行绘制。绘制楼梯过程中需要用到透视图测量技巧，以达到正确绘制出楼梯尺寸的目的。用透视图测量技巧来进行绘图要快捷方便得多，因为通过这些技巧可以将楼梯高度准确地画在透视图中，而不需要从距离较远的测量线上进行高度转换。

步骤17： 画一个矩形平面，使此平面正好与代表旋转楼梯的圆形的中央直径相切（注：隐藏楼梯的左侧部分）。

步骤18： 将矩形平面划分为等面积的数个部分，其数量与楼梯的级数相等。

步骤19： 从消失点出发连接矩形各部分的顶边线段点绘制透视线。

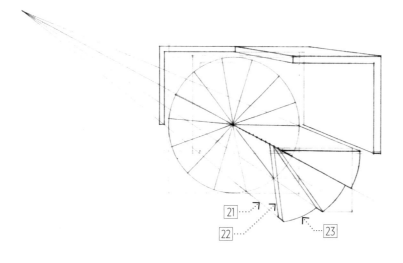

步骤20： 在矩形平面上画一条对角线。从对角线与透视线的交点出发向矩形中部绘制水平线，延伸到矩形正中的透视线上并产生交点。这些线对应的就是楼梯每一级踏板的厚度。

步骤21： 根据楼梯级数将圆面进行平均划分成多个扇形，这些扇形就是楼梯踏板的平面投影，从消失点出发到楼梯顶端少数几级踏板的扇形外角点绘制透视线。

步骤22： 从步骤20中绘制的矩形正中透视线与水平线交点出发，绘制与圆面上的扇形边线相平行的斜线，每两个交点对应一条边线，以创建踏板的厚度效果，延伸斜线直到与步骤21中绘制的透视线产生交点。

步骤23： 用圆规或圆形绘图板为每一级踏板扇面画出外部弧线。

步骤24： 重复步骤21~23，绘出剩下的踏板以完成楼梯图。

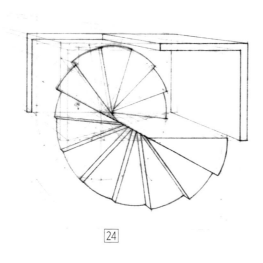

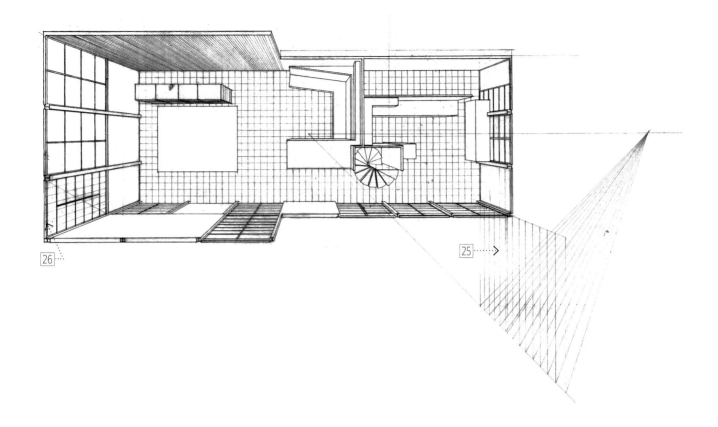

为楼梯添加细节，比如地面和墙面材质效果等，完成图稿。

步骤25：上图中，右下方墙面上的横框是通过在测量线上标示出高度后再转化到墙面上的。

步骤26：左墙上的横框是用透视技巧进行绘制的。左墙上面的两扇窗户是通过画对角线来确定中心线的，而下面的一扇窗户则是用天花板边线作为测量线被划分为等面积的七个部分，根据各部分的边线和消失点的位置画出透视线，以对角线为参照确定窗框的位置，再对各部分的高度进行测量换算。

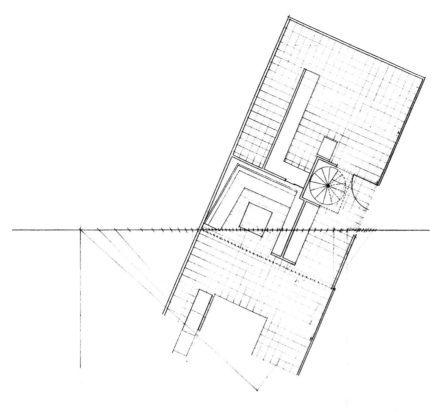

通用法

下面的案例介绍了如何以通用法构建两点室内透视图。虽然这是一个室内设计的两点透视案例，但这些步骤同样可以应用到构建室外透视图、一点透视图以及三点透视图的过程中。

与对角点法相似，通用法也是根据按比例绘制的平面图以及换比例换算过的高度尺寸来构建透视效果的。视点、视锥以及显像面都是在平面图中先进行定位再对应到透视图中，以获得更为精确的深度效果。

根据将要绘制的空间尺寸以及显像面的位置，楼层平面图的比例可以从¾₁₆″ = 1'-0″的大房间比例到½″ = 1'-0″的小房间比例（如浴室）不等。

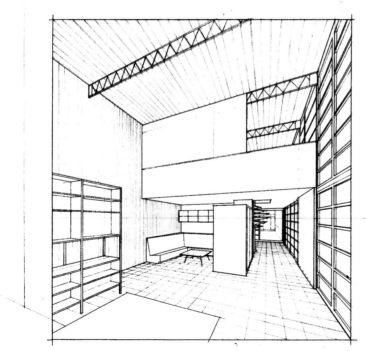

确定视点和视角

构建透视图的第一步就是决定你想要的透视效果。

步骤1：绘制视锥

· 在描图纸上画一个点，以此点为顶点画一个等边三角形。这个点代表的就是视点（station point, SP），而这个等边三角形代表的就是人的一般视锥（cone of vision, CV）。

· 从顶点向对边画一条垂直虚线，以这条虚线为直角边画两个等腰直角三角形。这条虚线代表的就是视锥的中心轴线（central axis of vision, CAV）。这两个直角三角形代表的就是人的外部视图范围。在等边三角形之外、直角三角形之内的部件在透视图中就会产生扭曲。

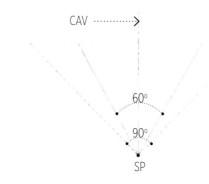

步骤2：平面图上的视图位置

· 将描图纸用胶带固定在楼层平面图上。

· 室外透视图通常是用等边三角形作为视锥进行绘制的；而很多室内透视图则是用60多度或70多度内角的等腰三角形来展示部件，以达到更真实地展现室内空间的目的。绘制较小的室内空间时，常见的做法是将视点置于房间之外，并隐藏其中一面墙壁，以便让视锥覆盖更多的空间。

绘图准备

· **步骤3：**将平面图用胶带固定在绘图板上，使CAV与绘图板的边缘相平行。

· **步骤4：**在平面图上再覆盖一张描图纸或牛皮纸，使平面图位于距离描图纸或牛皮纸顶边较近的位置。透视图就是在这张描图纸或牛皮纸上进行绘制的。根据步骤2中固定的平面图上描图纸的显示，在新覆盖的这张纸上标示出视点的位置，然后将绘有视锥的描图纸取出，以便在后面的步骤中能清晰地看到平面图的内容。

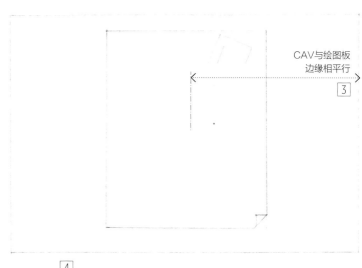

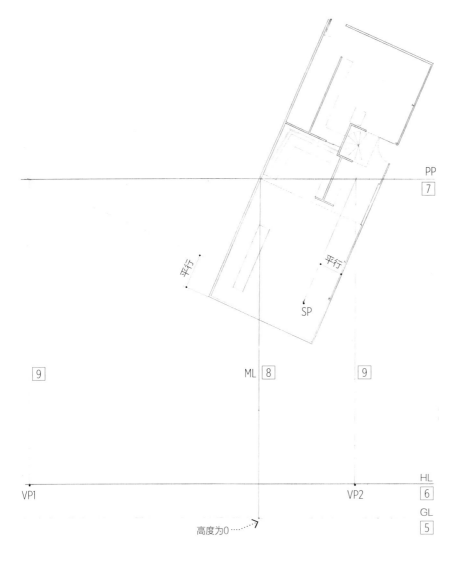

步骤7：显像面

· 在楼层平面图中画一条水平线以确定显像面的位置。由于显像面是绘制高度测量线的参照面，所以这条水平线通常会与空间内的一条主要垂直边缘线相交。

· 显像面的位置还会影响透视图内部件的比例。所有在显像面和视点之间的部件都会以比平面图大一些的比例进行绘制；反之在显像面之后的部件就会更小一些。要增大透视图的比例，则要将显像面置于距离视点更远的位置；而要缩小透视图的比例，则置于更近的位置。

步骤8：测量线

· 在上页的例图中，显像面穿过了夹层楼面与外墙的交点。从这个交点向下到天然地平线绘制一条垂直线，这条垂直线就是垂直方向的测量线。

步骤9：消失点

· 在为楼层平面图的墙面确定消失点位置时，从视点出发到显像面画一条与前方墙面相平行的建构线。重复这一步骤为右侧墙面再绘制一条建构线。

· 从上一步中绘制的两条建构线与显像面的交点出发到地平线绘制两条垂直线。这两个交点（VP1和VP2）就是透视图中的主要消失点。

对于刚开始学习室内设计或建筑设计的学生来说，最难的部分就是应该从哪一个消失点出发绘制透视线。如果你不清楚，就先看一下你要绘制的部件在平面图中的边缘位置。如果其边缘与左边的建构线相平行，就从左消失点出发绘制透视线；如果其边缘与右边的建构线相平行，就从右消失点出发绘制透视线。

透视图准备

步骤5：天然地平线

· 在纸张底部画一条水平线作为天然地平线。

步骤6：地平线

· 在地平面之上画一条水平线作为地平线使用。地平线与天然地平线之间的距离应该和观察者的视线位置与地平线之间的距离相等，并且应该按相同的比例绘制在楼层平面图中。在上页的例图中，地平线与天然地平线的距离是1829mm（6英尺），以模拟人站在空间中的位置。

绘制透视图中的房间或部件

在大多数透视图中，都需要先画出房间或部件的整体外部轮廓。在绘制透视图中的部件时，有5个基本步骤。在绘制每一个部件时都应重复这些步骤以完成整体的透视图。

步骤10： 将房间或部件的高度标示在步骤8中绘制的测量线上。在这个案例中就是将天花板的高度标示在测量线上。地板高度标示与天花板高度标示之间的距离比例应与楼层平面图的比例相同。

步骤11： 从视点出发到房间或部件的各个边角绘制视线投射线。

步骤12： 以视线投射线与显像面的交点向下延伸绘制垂直建构线。

步骤13： 从适当的消失点出发绘制透视线。从VP2和VP1出发到地板和天花板在测量线上的高度标示点绘制透视线，以确定前方墙面和侧面墙面的平面范围。

步骤14： 将透视线延伸到房间或部件的对应垂直线上，以确定其在透视图中的边缘范围。

步骤15： 重复步骤13~14以完成房间或部件所有边缘的绘制。从消失点到后方墙面的边角点绘制透视线，以表现后墙与右侧墙面。

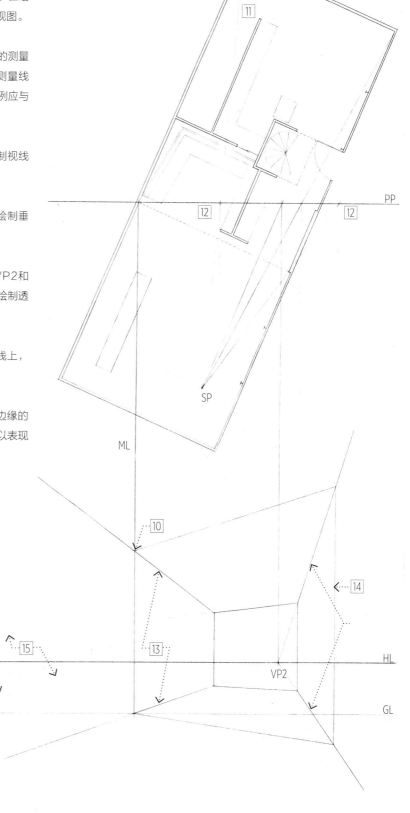

绘制室内元素

步骤16：绘制夹层楼面

- 16a：将夹层楼面的高度标示在测量线上，从VP1出发
  经过此标示点绘制透视线，并延伸到房间的右上角。
- 16b：从上一步中绘制的透视线与房间右上角的交点出
  发到VP2绘制透视线，以确定夹层楼面的底部位置。

步骤17：确定房间中心部件的位置

- 17a：用绘制平面透视图的技巧，从书架延伸一条斜线
  到外墙。这条线应与书架的一边相平行。
- 17b：从视点出发，经过书架延伸线与外墙的交点以及
  书架的两个边角到显像面绘制数条视线投射线。从这些
  投射线与显像面的交点出发向下绘制垂直线。
- 17c：将书架的高度标示在测量线上，并从VP2出发经
  过此标示点到上一步创建的垂直线绘制透视线。
- 17d：从VP1出发到书架边角绘制透视线以在透视图中
  呈现书架高度，从而确定书架的后平面。
- 17e：从VP2出发到书架边角绘制透视线以确定书架的
  侧平面。

步骤18：绘制内墙

- 夹层楼面下的内墙可按照绘制书架的步骤来进行绘制。

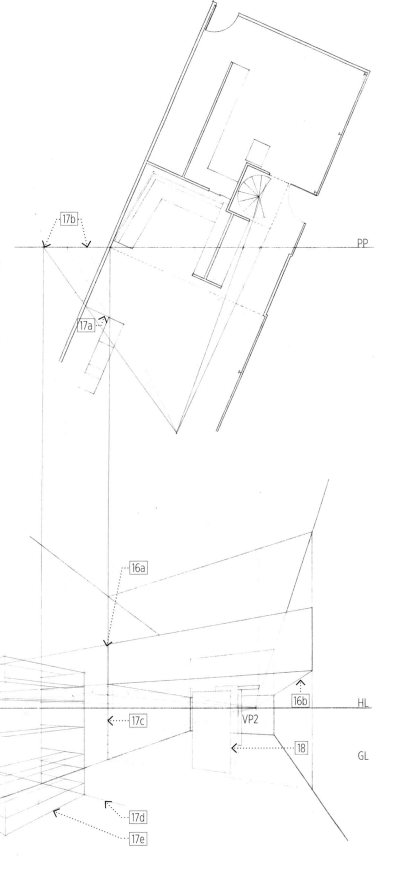

绘制房间中的斜角家具

边缘与空间主墙不平行的部件在透视图有其专属消失点。

步骤19：确定第三个消失点的位置

· 19a：在为斜角沙发确定第三个消失点时，先从视点到显像面绘制一条与沙发边缘相平行的斜线。

· 19b：经过这条斜线与显像面的交点到地平线画一条垂直线。这条垂直线与地平线的交点即是沙发斜边的消失点（VP3）。

步骤20：绘制沙发

· 现在准备工作已完成，可根据步骤14进行沙发的绘制。

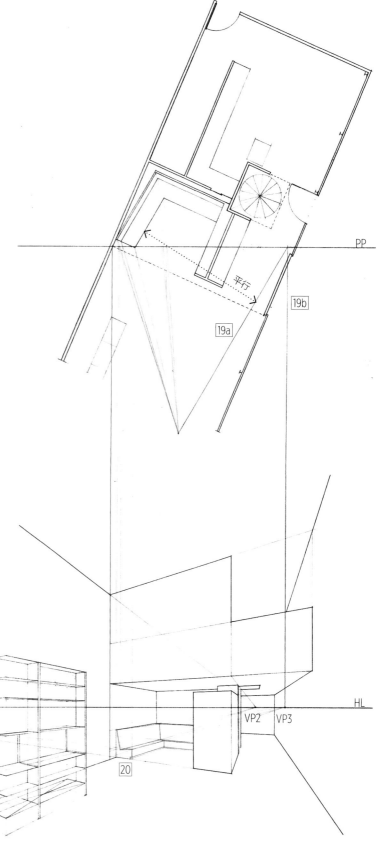

完成透视图

添加地板样式以及其他细节以完成透视图的
绘制。

步骤21：截取透视图

· 在透视图外部画一个矩形以确定视图范围。

· 在右侧的例图中，视锥的角度已经接近
  90°了，所以图中的一些墙面看上去是扭
  曲的。

步骤22：为图稿添加不同的线宽效果

· 透视图与轴测图遵循相同的线宽规则。

· 绘制空间边缘用最粗的线来描绘以突显部
  件轮廓。

· 平面边缘用细线描绘。这些线表示的就是
  相邻两侧线条都可见的部件或房间角落的
  边缘。

· 表面线条用极细线来描绘，以表示不同的
  材质。

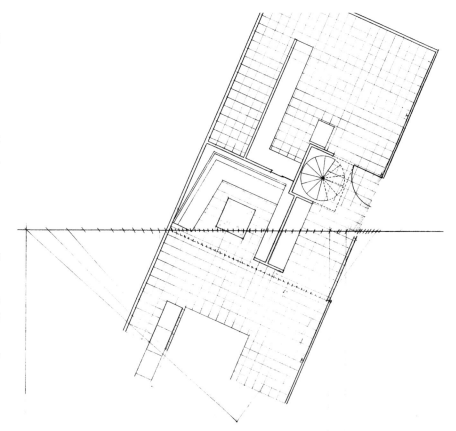

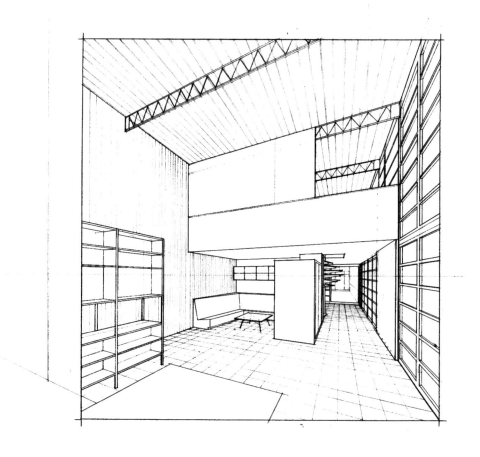

练习：线宽

该练习可以帮助你更好地理解如何用不同的线宽在透视图中表现空间比例。

· 用粗线小心地描画上图的主要外部轮廓线。

· 用中等线小心地描画图中的内部轮廓以及墙面开口。

· 用细线描画外部表面的材质或与建筑表面处于同一平面的部件，如窗台和窗框等。

· 在完成对图稿的描画后，确定两个消失点和地平线的位置。

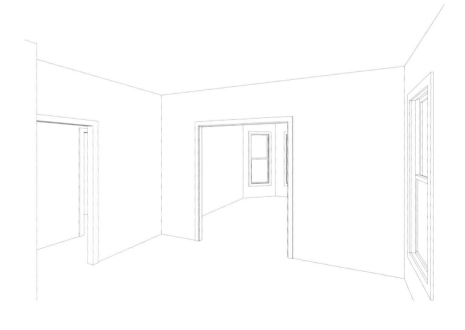

练习：绘制透视图

该练习可以帮助你更好地理解透视关系以及比例测量技巧。

· 为上面的两点透视图确定地平线和消失点的位置。

· 以地平线为参照，按比例确定墙面的高度。

· 将确定好的墙面高度增加1.5倍。例如，确定的墙面高度为3048mm（10英尺），则将墙面绘制成4572mm（15英尺）高。参考之前关于透视测量的方法以完成这种扩大部件的操作。

· 在前方房间内绘制一张餐桌以及一盏吊灯。用消失点作为辅助将这些家具绘制成两点透视效果。

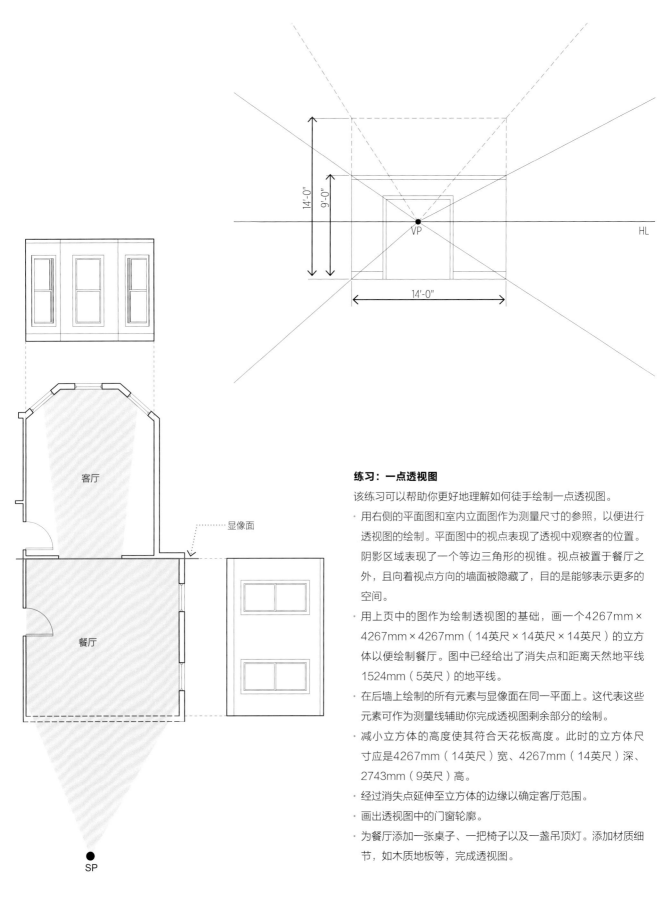

练习：一点透视图

该练习可以帮助你更好地理解如何徒手绘制一点透视图。

· 用右侧的平面图和室内立面图作为测量尺寸的参照，以便进行透视图的绘制。平面图中的视点表现了透视中观察者的位置。阴影区域表现了一个等边三角形的视锥。视点被置于餐厅之外，且向着视点方向的墙面被隐藏了，目的是能够表示更多的空间。

· 用上页中的图作为绘制透视图的基础，画一个4267mm×4267mm×4267mm（14英尺×14英尺×14英尺）的立方体以便绘制餐厅。图中已经给出了消失点和距离天然地平线1524mm（5英尺）的地平线。

· 在后墙上绘制的所有元素与显像面在同一平面上。这代表这些元素可作为测量线辅助你完成透视图剩余部分的绘制。

· 减小立方体的高度使其符合天花板高度。此时的立方体尺寸应是4267mm（14英尺）宽、4267mm（14英尺）深、2743mm（9英尺）高。

· 经过消失点延伸至立方体的边缘以确定客厅范围。

· 画出透视图中的门窗轮廓。

· 为餐厅添加一张桌子、一把椅子以及一盏吊顶灯。添加材质细节，如木质地板等，完成透视图。

Chapter 10

复合图形设计

本章将会介绍如何在平面图、剖面图、立面图、透视图以及轴测图中表现复合图形，如曲线和斜角图形等。

在学习了如何徒手拟绘复合图形后，你通过手绘草图进行设计的以及表现各种复杂空间状况的能力就会得到提升。

本章主要分为以下三个部分。

- 绘制斜角图形。
- 绘制曲线图形。
- 用SketchUp软件在透视图中绘制复合图形。

在阅读本章时思考以下问题：

- 如何将第三章到第九章所学的图稿类型应用到复合图形的绘制过程中？
- 什么样的绘图技巧可用于绘制三维图稿？
- 如何以徒手绘图、徒手拟稿以及电脑软件绘图的方式在平面图、剖面图、立面图、透视图以及轴测图中表现复合图形？

复合图形是指非矩形的图形，如曲线图形、有机图形或斜角图形等。

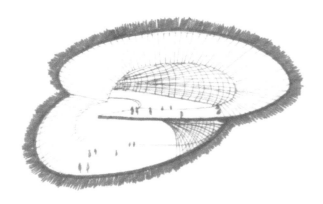

马修·瓦利
手绘室内透视图
波士顿建筑大学
学位项目工作室

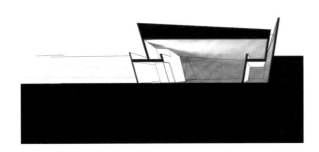

帕特里克·S.拉索
剖面透视图
波士顿建筑大学
学位项目工作室

表现复合图形

曲线图形和斜角图形都可以用第三章到第九章中介绍过的绘图技巧来进行绘制。对于技巧应用的主要区别就在于，复合图形在平面图或立面图中更注重对空间的描绘。例如，左侧上方的例图就用细线表现了曲线墙面的高度。这使得在将墙面高度转化到剖面图或平面图中时更为方便。

曲线表面以及倾斜表面多用阴影或平行线来进行渲染，以使图形更具可读性。

· 左侧上方及中部的手绘草图都用网格表现出了曲线墙面。当线条较为密集时，曲线半径就较小；当曲线线条较为疏松时，曲线半径就较大。曲线表面的弯曲效果是通过变化网格样式来实现的。

· 左侧下方的图稿用阴影表现了空间的深度，并强调了墙面的角度。

混合图稿，如剖面透视图或平面透视图等用于表现复合图形是非常有效的手段，因为这些图稿有更强的三维表现效果。左侧上方和下方的剖视透视图就综合了剖面图和一点透视图的视图效果。通过同时表现出墙面的剖视效果和透视效果，可以让人更好地理解其空间质量。

数字图层

数字图稿常用于辅助设计师进行复合图形的绘制。在电脑软件如SketchUp或DataCAD等完成的部分设计，一般作为透视图、立面图以及轴测图的图层使用。设计师可以通过创建数字图层这一过程快速掌握项目空间的状况，并在为绘制图稿投入时间和精力之前测试各种不同的视图效果或设计选项。

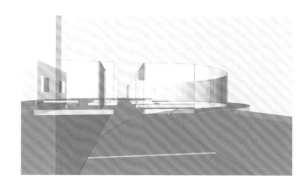

手绘草图

手绘草图常用于完善复合图形以及空间设计的效果。如果创建了数字模型，则一般会将数字图稿打印出来，在其上覆盖一张描图纸，再在纸上进行构思绘图。对复合图形的描画和调整过程会被包含在这一构思过程中。右侧中部的例图就是数字图层的一个示例。这张图是通过在描图纸上描画数字图层（右侧上方的例图）并添加细节元素，如道路轨迹、天花板以及墙面等产生的。

一旦你理解了如何在视角平面图、透视图以及轴测图中表现复合图形，你就可以更轻松地通过手绘草图来完善你的设计。粗略的手绘草图多用于创建更具有表现力和说服力的复合图形图稿，因为观察者在看这些图时可以获取很多室内空间状况。第九章的案例分析2就是设计师根据想像，在没有数字图层及其他任何图稿的情况下绘制的。

徒手拟绘图以及演示图

徒手拟绘图以及演示图是更为精细的复合图形图稿，多用于完善手绘草图中的空间展示效果。右侧下方的演示图是根据右侧中部的草图进一步细化以后的效果。

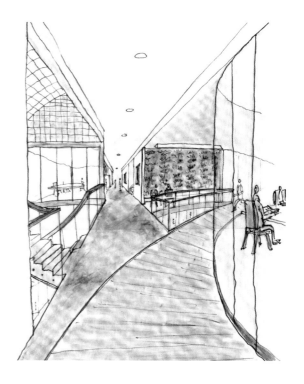

赖安·纳威多米斯基

数字及手绘室内透视图

波士顿建筑大学

学位项目工作室

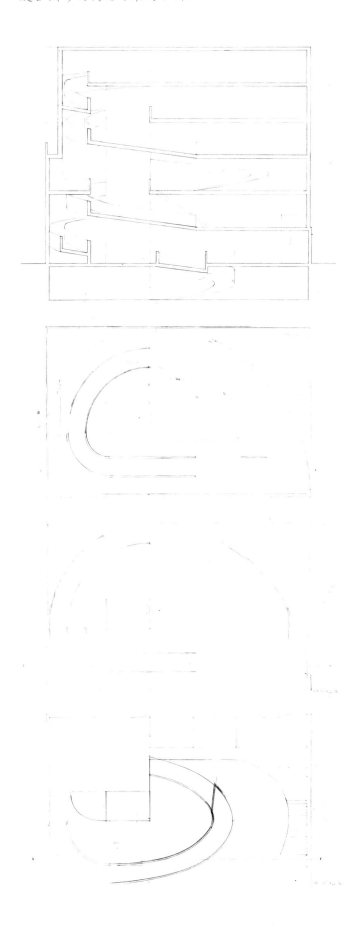

绘制曲线图形：徒手拟稿和手绘草图

这是一名学生的作品，这名学生在平面图、剖面图和轴测图之间进行了反复的修改，以完善他对曲线斜面和建筑外观的设计。在左侧的剖面图中，这名学生在横切面之上表示出了斜面高度，从而使人可以看出曲线图形的位置。

要让人明白曲线图形的三维特性，一般需要画出表面高度。

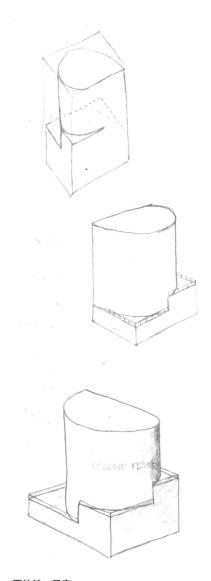

罗伯特·贝森
曲线斜面以及建筑外观草图
哈佛大学设计研究院
职业探索项目
建筑工作室

绘制曲线外观：电脑软件绘图和手绘草图

右侧例图中所示的大厅设计图是在数字图层上对透视图进行描画得到的。

步骤1： 在SketchUp中创建一个简略的数字模型。

步骤2&3： 将数字模型打印出来作为图层，在此基础上进行描画以完善曲线楼梯的大厅的设计。

步骤4： 对楼梯的弯曲面以及楼梯和天花板的交接处进行徒手描绘和修改。在草图中添加阴影以呈现出楼梯的三维效果。

步骤5： 用墨水笔和水彩对弯曲面进行渲染，以呈现更精细的效果。

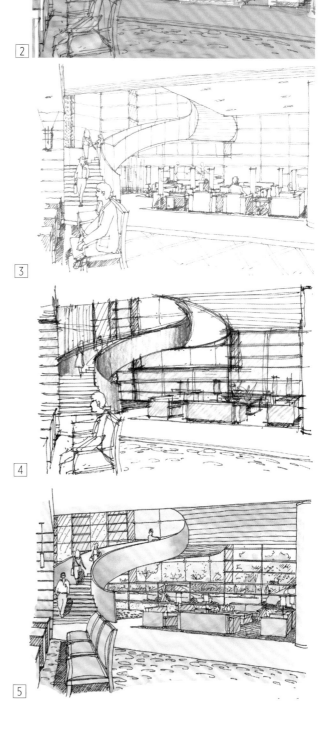

Arrowstreet建筑事务所
室内大厅设计

绘制曲线外观：电脑软件绘图和手绘草图

左侧的这些由Toyo Ito建筑公司绘制的例图成功地将复合曲线表面的空间特性分别在透视图、剖面图和平面图中表现了出来。

在透视图中的曲线表面都有阴影，使其立体感更为突出。

剖面图中也有阴影效果，并呈现出了室内的上方空间，以更好地表达空间深度。下页中的手绘剖面图就是一个剖面透视图的示例，其中展现的是其上方透视图的内容。

左侧的楼层平面图较为粗略一些，其展现的是曲线墙面的横切面。通过将所有的平面图排成一列，曲线外观的转变，如楼梯的上升或下降等就显得更容易理解了。

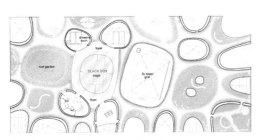

屋顶（地平线上27.9米）平面图1:600

露天舞台

三层（地平线上19.3米）平面图1:600

餐厅

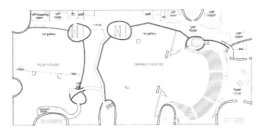

二层看台2（地平线上15.5米）平面图1:600

办公室

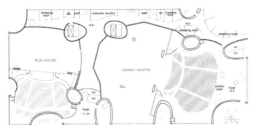

二层看台1（地平线上10.1米）平面图1:600

门厅

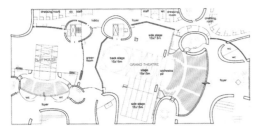

二层（地平线上6.3米）平面图1:600

门厅

Toyo Ito & Associates建筑公司
台中大都会歌剧院竞标设计图
台中大都会歌剧院由中国台湾省台中市政府建造

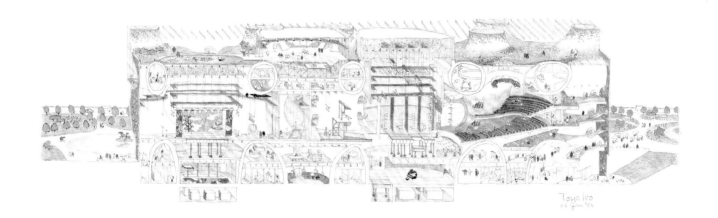

剖面图
比例为1:200

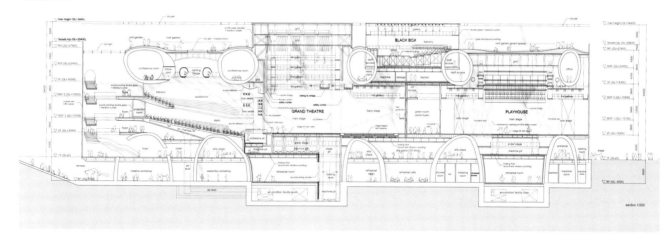

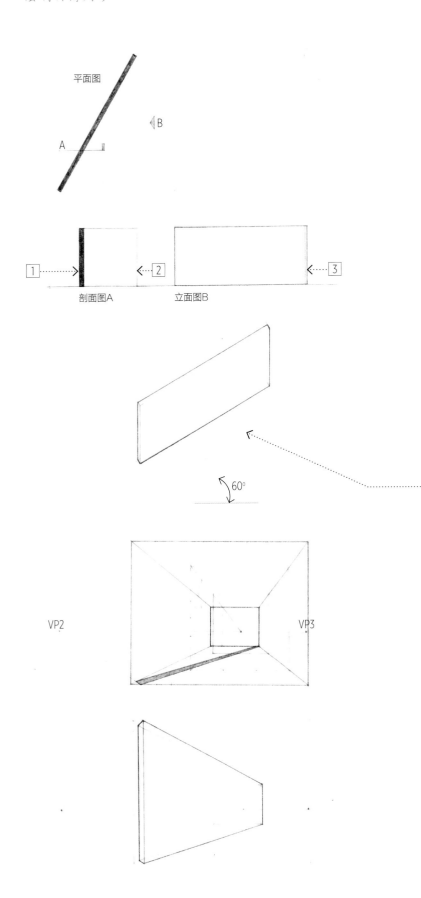

平面图

B

A

剧面图A   立面图B

1   2   3

60°

VP2   VP3

绘制斜角图形

下面的内容配合图解介绍了如何在平面图、剖面图、立面图以及透视图中绘制斜角图形。在绘制非线性外观时，在不同的图稿之间进行反复修改的效果会更好一些，这样你才能确定各个元素的准确位置。本节每一页左侧上方的第一张图稿分别展示了如何在平面图、剖面图和立面图中用建构线来表达几何关系。

平面图中的斜面墙

平面图中斜面墙的横切面应在剖面图中标出，在立面图中也应标出其边缘。

剖面图与立面图

· 剖面图中的墙壁厚度要比其真实厚度宽一些，因为在剖面图中呈现的是斜切面（1）。

· 上方的立面在剖面图中可见（2）。

· 墙壁的边缘在立面图中也可见（3）。

轴测图

· 在等视图和其他轴测图中绘制斜面墙时，要用一个立方体来表现斜面的位置。

透视图

在本节所有的示例中，透视图都按照第九章中所介绍的一点透视和两点透视图的画法来进行绘制。

· 先画一个一点透视或两点透视的立方体，然后按比例进行放大，直到立方体的高度、宽度与深度都和轴测图中的那个矩形相符。这个立方体就是确定斜面墙位置的参照物。

· 用此立方体作为参照，画出墙面的透视效果。向后延伸墙面边缘到地平线以确定消失点的位置（VP2和VP3）。

· 以后方矩形的右上角和前方矩形的左上角确定为上方墙角的位置，从这两个位置到两个消失点分别绘制透视线，以完成墙面的绘制。

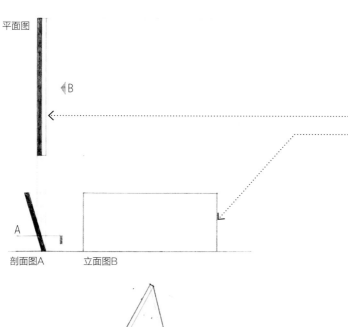

平面图

B

A

剖面图A　立面图B

剖面图中的斜面墙

剖面图斜面墙的上方表面应该在平面图中
标出。

平面图和立面图

· 墙壁的底边要在平面图中绘出。

· 墙壁的角度在前立面图和后立面图中都不
可见。

轴测图

· 画一个立方体以表现出墙壁顶边和底边的
位置。

· 将墙壁的顶边和底边连起来以表现墙壁的
角度。

60°

透视图

· 画出一个透视立方体，调整其比例直到立
方体的所有边线都与斜面墙相符。

· 在立方体的后平面上画出墙壁的横切面。

· 以消失点为起点连接墙壁横切面的下方顶
点到立方体的前平面绘制透视线。

· 将立方体前平面的左上角与上一步中绘制
的透视线与立方体前平面的交点连接起来，
以完成墙面轮廓的勾勒。

· 在本页的例图中，由于墙壁的前平面与显
像面是平行的，所以墙壁上的各条斜线也
相互平行。这种透视图被称为剖面透视图，
其中将一点透视图和真实的剖面视图结合
起来，并且是直接根据横切面构建的。

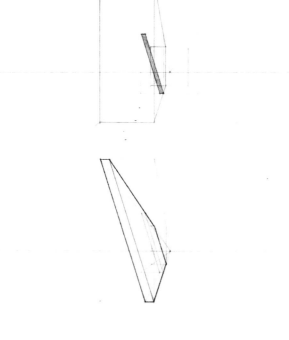

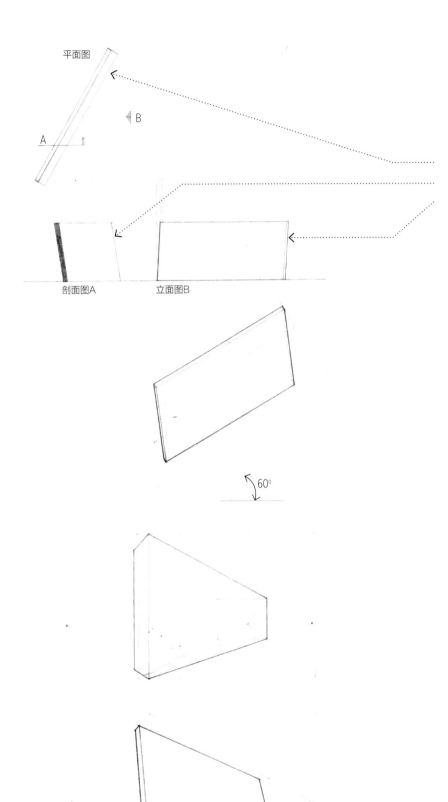

平面图

B

A

剖面图A   立面图B

60°

平面图和剖面图中的斜面墙

如果一面墙在平面图和剖面图中都是倾斜的，那么其倾斜效果在平面图、剖面图和立面图中都是显而易见的。

平面图、剖面图和立面图

· 墙壁的底边在平面图中可见。
· 上方的立面在剖面图中可见。
· 墙壁的倾斜角度在立面图中都可见。

轴测图

· 画一个立方体以确定墙壁顶边和底边的位置。
· 在立方体上画出墙壁的顶部和底部平面。
· 将这些平面用线连起来，并画出墙壁的斜角。

透视图

· 画一个透视立方体，调整其比例直到立方体的所有边线都与斜面墙的轮廓相符。
· 再画一个透视立方体以表现斜面墙的轮廓范围。
· 在立方体上画出墙壁的上表面，并向消失点延伸其边缘。
· 将立方体上墙壁的顶边与底边连接起来。这些斜线应该交汇于VP1上方的一个透视点。

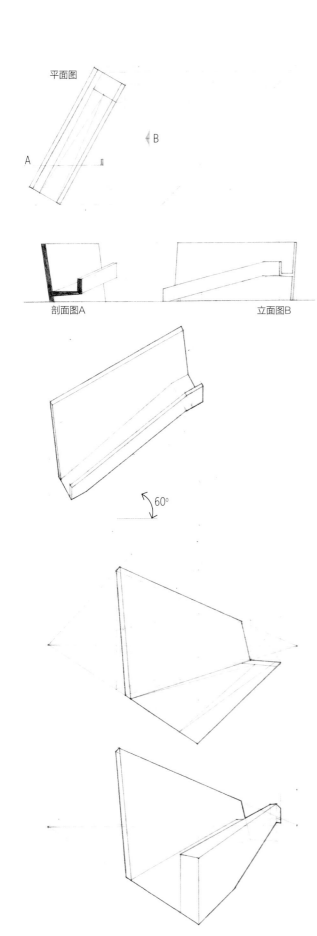

平面图

B

A

剖面图A

立面图B

60°

平面图和剖面图中的斜面墙与斜面地板

在本页的示例中，斜面墙上增加了一个斜坡。和上一页的示例一样，本例中的斜角效果在所有图稿类型中都是显而易见的。绘制斜坡的技巧可用于任何倾斜水平表面的绘制，如屋顶等。

平面图、剖面图和立面图

在绘制较为复杂的图形时，有必要先画出所有元素的外部轮廓，然后再添加各个细节。

· 先绘制斜面墙的平面图、剖面图和立面图。

· 在上一步中绘制的图稿中进行斜坡的构建，以确定斜坡的高度和宽度。

· 绘制斜坡的横切面。

· 在剖面图中画出斜坡和斜面墙的上方立面，完成绘制。

· 在平面图中绘制斜坡时，画两条斜线以表明斜坡倾斜的方向。

轴测图

· 重复上一页中绘制轴测图的步骤，画出斜面墙。

· 绘制斜坡的水平斜面，并从斜面向上绘制建构线以画出过渡平台。根据立面图来测量平台的高度。

· 为平台平面画两条对角线以完成斜坡的绘制。用来表示斜坡轨迹的各条斜线应是相互平行的。

透视图

· 重复上一页中绘制透视图的步骤，画出透视斜面墙。

· 按比例扩大斜面墙周围的矩形以绘制斜坡的透视效果。

· 将矩形的后平面进行分割，以确定平台的高度。把矩形的前侧垂直边缘线平均划分为六段，标示出高度点，用于测量斜坡的高度。

· 将上一步中得出的高度点与消失点连接起来，完成两点透视图的绘制。

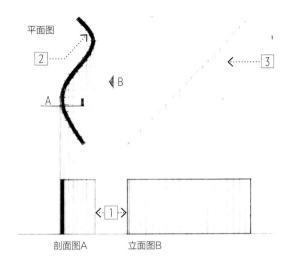

平面图

2

A

B

3

剖面图A   立面图B

1

这一节重点介绍了如何绘制曲线图形。在绘制这些图形时，可先把曲线表面分割为等大的多个部分，这样绘制过程就会变得简单些。这些部分投射到其他类型的图稿中时会显示为水平线或垂直线，而这些线之间的空间就代表了曲线的弯曲半径，并产生深度效果。

平面图中的曲面墙

平面图中曲面墙的上方表面在剖面图中应可见，其边缘在立面图中也应可见。

剖面图和立面图

· 在剖面图和立面图中绘制出墙面的外部轮廓。根据平面图用建构线绘制出立面图和剖面图。曲面墙在剖面图和立面图中无法呈现出其弯曲效果，所以其外部轮廓看上去就是一个矩形（1）。

· 要在剖面图和立面图中标示出曲线表面的话，就要先在平面图中将曲面墙分割成等大的多个部分（2）。

· 将这些部分投射到立面图和剖面图中，用建构线画出其投射产生的水平线或垂直线（3）。

轴测图

· 用一个矩形来确定曲面墙的墙面位置，以便规划轴测图的方位。

· 从墙面向上绘制垂直线，以表现出曲线表面。

· 在其中一条垂直线上标示出墙面高度，以确定墙面的俯视位置。俯视图应按与平面图相同的比例和方位进行绘制。

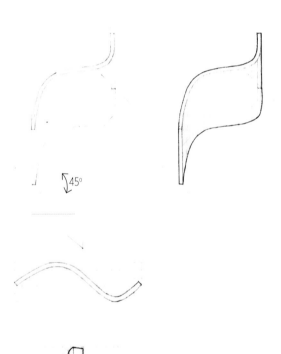

45°

透视图

· 绘制一个透视立方体，按比例调整其大小直到其边缘与曲面墙的边缘相符。

· 绘制曲线平面的透视效果。将立方体进行划分以创建透视风格，从而确定曲面墙的位置。

· 将曲线的高度尺寸转化到立方体的上方平面上，标示出高度点。

· 将各高度点连接起来，即构成曲面墙的顶边。

剖面图中的曲面墙

剖面图中曲面墙的上表面在平面图中可见。

平面图和立面图

· 在剖面图中画出曲面墙的外部轮廓。根据剖面图用建构线绘制立面
  图和平面图。在平面图和立面图中无法看出曲面墙的弯曲效果，所
  以其外部轮廓画出来就是一个矩形（1）。
· 要在平面图和立面图中标示出曲线表面，应先先曲面墙的横切面划
  分成等大的多个部分（2）。
· 用建构线绘制出这些部分投射在平面图和立面图中所产生的多条线
  条（3）。
· 也可用阴影代替建构线在平面图和立面图中表现曲线效果（4）。

轴测图

· 用一个矩形来确定墙面的位置，以规划轴测图的方位。
· 以剖面图为参照，将曲面的高度尺寸转化到矩形的其中一边上，标
  出高度点。
· 将这些高度点连起来，进而绘制出曲面墙的侧立面。
· 将这些高度点延伸到另一边以绘制曲面墙的另一侧立面，完成轴测
  图的绘制。

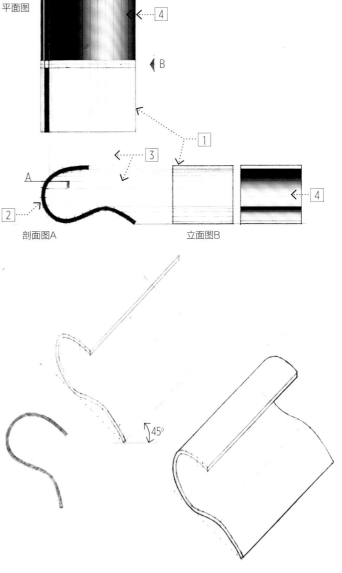

透视图

· 绘制一个透视立方体，并按照比例调整其大小直到其边缘与曲面墙
  的边缘相符。
· 在立方体的后方平面上绘制出曲面墙的横切面，并绘制多条垂直线
  将横切面划分为多个等大的部分。
· 以消失点为起点连接垂直线与横切面的交点到立方体的前方平面绘
  制透视线。
· 这些透视线就将曲面的高度尺寸转化到了立方体的前方平面上，透
  视线与平面上垂直线的交点即为高度点。
· 将这些高度点连起来，即为曲面墙的前横切面。

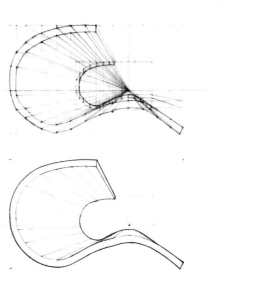

用SketchUp绘制复合图形

像Google SketchUp这类电脑软件常被用于辅助绘制复合图形。虽然大部分学生和设计公司都会在设计过程中建立新的完整的数字模型以产生透视设计图，但将手绘平面图导入到SketchUp中作为参照来绘制透视图则要更快一些。

下面的步骤示例介绍了根据扫描手绘图绘制数字图层所需要使用到的各种工具。其他工具和命令可在SketchUp的软件说明中学习到。示例中所用的这个文件可在公司网站上下载。

鼠标滚轮快捷命令

用鼠标滚轮可执行以下命令。

- 按下+拖动=环形观察
- Shift键+按下+拖动=平移
- 滚动=缩放
- 双击=视图回到中心位置

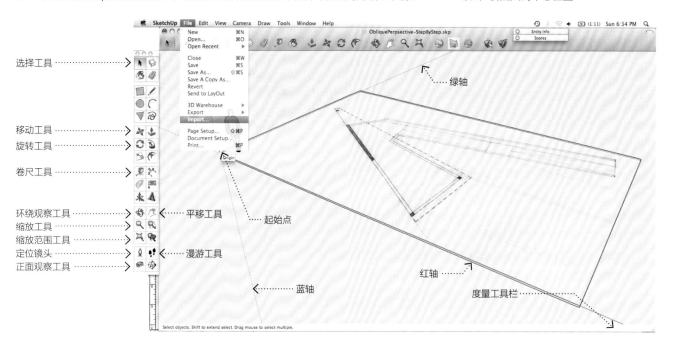

步骤1：将图稿导入到SketchUp中

- 执行"文件>导入（File>Import）"命令选择文件。AutoCAD文件和大部分图稿文件都可导入SketchUp中。
- 将光标移动到起始点，即蓝轴、绿轴和红轴的交点，按下鼠标以放置图片。
- 图片放置好后，需要对其比例进行设定。从起始点往外拖动鼠标，直到图片放大到易于观察的比例，单击左键以确定。在下面的步骤中会对平面图的比例进行更为准确的设定。
- 注意：立面图和剖面图也可以导入到SketchUp中。若要使这些图稿与平面图成直角，先按照上面的步骤进行操作，然后在导入图片时将光标移动到蓝轴上即可。

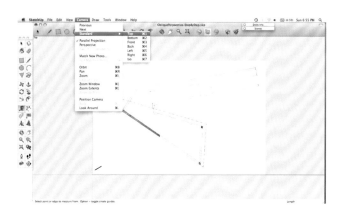

步骤2：转换视图

- 执行"镜头>标准视图>顶部（Camera>Standard>Top）"命令以改变平面图的视角。
- 执行"镜头>平行投影（Camera>Parallel）"可关闭透视视图。
- 执行"镜头>两点透视图（Camera>Two-Point Perspective）"命令可转换至两点透视视图。
- 执行"镜头>透视图（Camera>Perspective）"命令可返回三点透视视图。
- 其他的视图模式可在"镜头"主菜单下的"标准视图"菜单下进行选择，如立面图（前）和等视图（等轴）等。

步骤3：调整比例

- 选中卷尺工具，在尺寸已知的墙面的两个顶点分别单击鼠标左键。

- 单击鼠标后，沿着墙面会出现一条卷尺带，墙面的尺寸就会出现在度量工具栏中。

- 若要改变墙面的大小，只需直接按数字键输入新的尺寸，并按下Enter键即可。

- 这时会弹出一个对话框以确定你是否想要调整模型的大小。选择"是"选项以继续。

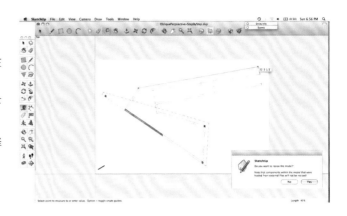

步骤4：确定天花板高度

- 执行"镜头>两点透视图（Camera>Two-Point Perspective）"命令返回透视视图。

- 用环绕观察工具或通过鼠标滚轮以旋转视图。

- 用选择工具选中地板平面。

- 选中移动/复制工具。选择Options键（Mac系统）或Ctrl键（Windows系统）以切换到复制模式。

- 单击鼠标左键将平面图沿着蓝轴任意拖动一段距离。

- 按数字键输入建筑的天花板高度或屋顶高度，再按下Enter键。右图中的平面示意图就被调整至距地平面3048mm（10英尺）高。

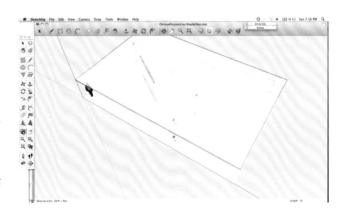

步骤5：定位镜头

- 选中定位镜头工具，点击图稿平面中你想要创建透视图的位置。

- SketchUp会自动转换视图，确定透视图的位置。

- 当前工具会自动变为正面观察工具。点击或拖动鼠标可调整透视图效果。

- 镜头的默认高度为1676mm（5英尺6英寸）。若要改变镜头高度，在度量工具栏中输入新的高度数值即可。

- SketchUp中的透视图默认为一个适用于室外透视图的5mm视场。若要改变为适用于室内透视图的28mm的视场，只需单击缩放工具，输入"28mm"，再按下Enter键即可。

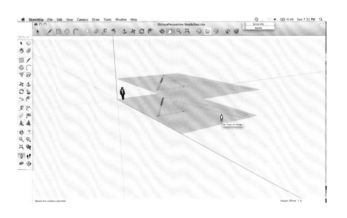

步骤6：移动透视图

- 选中漫游工具以重设镜头。点击并拖动鼠标以进行漫游移动；按住Shift键可以沿路边移动或进行垂直移动。

- 将天空和场面分离开的水平线即地平线。

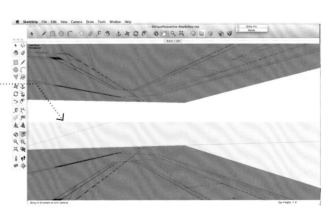

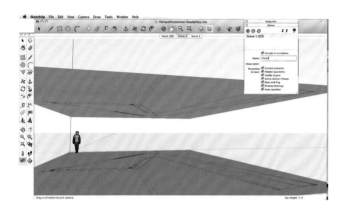

步骤7: 保存透视图

· 你可以将透视图保存为场景。

· 执行"窗口>场景（Window>Scene）"命令以打开"场景"对话框。

· 在"场景"对话框中，点击添加场景按钮以保存和命名当前视图。

· 若要重建一个场景，点击窗口上方的场景按钮即可。

· 若要打印透视图，执行"文件>打印"命令，在"打印"对话框中设定页面方向为"景观"，设定打印质量为"高清晰度"，再点击确定按钮即可。

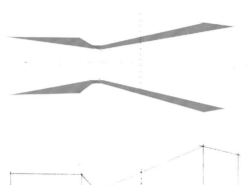

步骤8: 确定消失点的位置

· 在打印出来的SketchUp图稿上用描图纸进行描画，确定主墙的消失点位置。

· 确定测量线的位置，以确定部件的垂直高度。在右侧的例图中，根据平面与平面之间3048mm（10英尺）的高度距离，测量线被等分为10段。

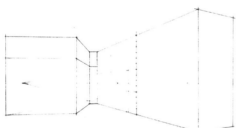

步骤9: 绘制总体图形

· 从平面图向上绘制垂直线，以创建透视图中各元素的外部轮廓。测量线用于确定部件的垂直高度。

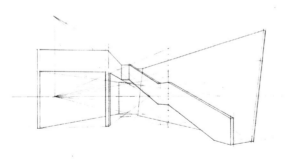

步骤10: 绘制墙面和地面

· 完成透视图中各元素的绘制，以完成整体图稿。在左侧的例图中，最先进行绘制的是斜面墙，进而以此作为参照绘制斜坡。

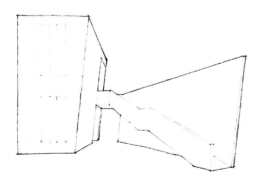

步骤11: 在草图中完善设计

· 通过描绘透视草图可进一步完善设计图或设计流程。用图层和消失点作为参照可在透视图中进行设计，并能更便捷地将各项透视图研究结果整合到构思过程中。

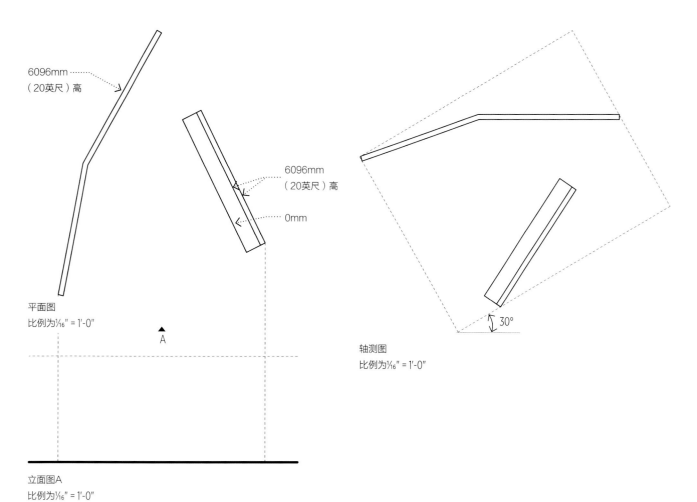

6096mm
（20英尺）高

6096mm
（20英尺）高

0mm

平面图
比例为¹⁄₁₆″ = 1'-0″

A

立面图A
比例为¹⁄₁₆″ = 1'-0″

轴测图
比例为¹⁄₁₆″ = 1'-0″

30°

练习：斜角图形

该练习可以帮助你更好地理解如何绘制斜角。

· 根据楼层平面图，按¹⁄₁₆″ = 1'-0″的比例构建立面图A。

· 以本页右上方的平面图为参照，构建斜面墙的轴测图。

· 在本页上方给出立方体内绘制斜面墙透视图。给出立方体为12192mm（40英尺）宽、12192mm（40英尺）深、6096mm（20英尺）高。

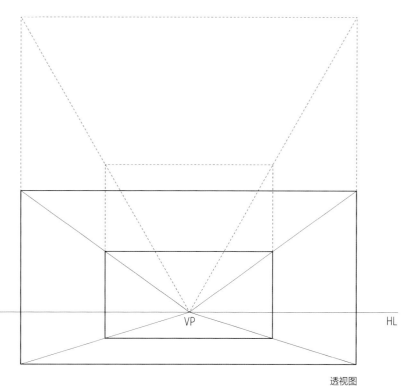

VP

HL

透视图

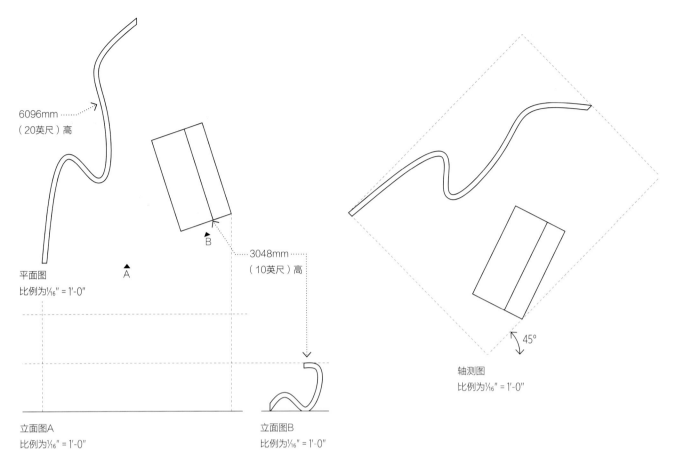

6096mm
（20英尺）高

平面图
比例为¹⁄₁₆″ = 1'-0″

3048mm
（10英尺）高

B

A

立面图A
比例为¹⁄₁₆″ = 1'-0″

立面图B
比例为¹⁄₁₆″ = 1'-0″

45°

轴测图
比例为¹⁄₁₆″ = 1'-0″

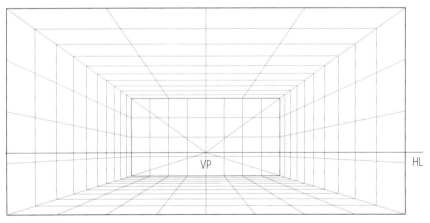

VP

HL

1524mm×1524mm（5英尺×5英尺）网格透视图

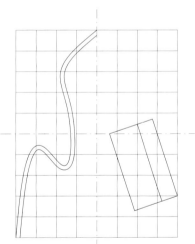

1524mm×1524mm（5英尺×5英尺）
网格平面图
比例为¹⁄₁₆″ = 1'-0″

练习：曲线图形

该练习可以帮助你更好地理解如何在平面图和剖面图中绘制曲线图形。

· 根据上一页中比例为¹⁄₁₆″ = 1'-0″的楼层平面图构建立面图A。

· 以本页平面图为参照，构建曲面墙的轴测图。

· 在上方的立方体中绘制曲面墙的一点透视图。本页给出的透视图和平面图中绘制有
  1524mm×1524mm（5英尺×5英尺）的网格以作为参照。用这些网格来安排曲面
  墙在透视图中的位置。

Chapter 11

示意图和分析图

　　示意图和分析图是有赖于注释符号和绘图技巧以表现空间系统、空间设计过程、空间关系以及设计理念的图稿类型。这两种图稿都可以完整地体现出设计师的构思过程，从而助其在项目中辨认和完善主要的设计标准及其相互关系，从而做出更有效的设计决策。

　　本章会介绍如何应用图案记号、组合技巧以及平面图、剖面图、立面图、等视图、透视图等图稿类型来创建示意图和分析图。对常见的示意图和分析图的类型以及主题。

　　在阅读本章内容的同时，思考下列问题：

- 如何在学习以及实践的过程中运用示意图和分析图去探索、完善和表达设计理念？
- 构建示意图和分析图需要用到哪些基础图稿类型？
- 示意图和分析图在设计过程中有哪些作用？

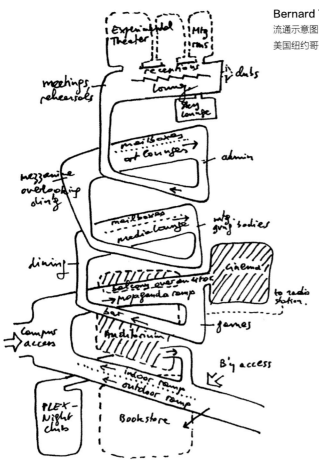

Bernard Tschumi建筑事务所
流通示意图
美国纽约哥伦比亚大学学生活动中心

示意图用于表现整体设计构思、设计理念或各元素之间的关系等。通过把握示意图中注释信息的数量，设计师可以在构思过程中将主要的信息提取出来。

示意图是根据其主要内容（流通、项目）、构图（气泡、方块）或基础图稿类型（平面图、剖面图）来命名的。所有的示意图都可分为两类：手绘示意图和演示示意图。

左侧的示意图由Bernard Tschumi建筑事务所绘制，图中描绘了美国纽约哥伦比亚大学学生活动中心（阿尔弗雷德·勒纳楼，Alfred Lerner Hall）建筑项目和流通之间的关系。示意图集中表现如何通过将公共空间安排在垂直的斜坡上来创建中央活动区域，即屈米（Tschumi）所说的"垂直社交空间"。由于屈米在图中只画出了斜坡部分，并只对主要的室内空间用文字或轮廓线进行了注释，所以图中所展现的空间状况和空间关系更易读。

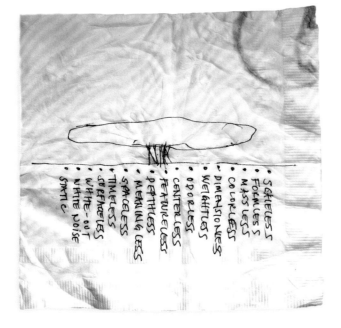

精简示意图

精简示意图表达了项目的整体设计理念或组织概念。这种示意图用最少量的图形和注释文字来表现设计项目的核心内容。精简示意图可以是手绘示意图也可以是演示示意图。

Diller Scofidio + Renfro建筑公司
精简示意图
2002年瑞士世界博览会
简略建筑图

手绘示意图

右侧所示的这些速写示意图被广泛用于在构思过程中，这有利于产生并明确设计理念。手绘示意图大多为粗略的手绘小图，用于产生多套不同的设计方案。设计师也可以无限制地对这种图稿进行文字标注，以记录其思考过程。大部分手绘示意图都只是设计公司或设计师个人在使用，很少向客户展示。

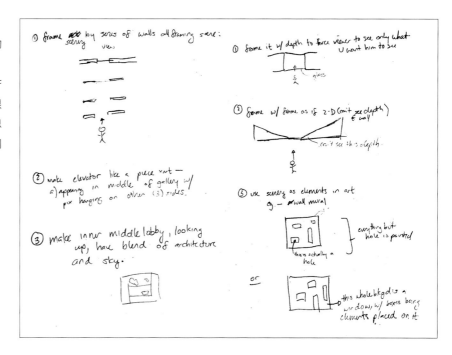

徐茜兰
手绘示意图
哈佛大学设计研究院
职业探索工作室

演示示意图

演示示意图用于向不熟悉项目的人阐述项目设计的情况。这种图表现了设计师在构思过程和整体的项目构建过程中是如何做出设计决策的，同时也表现了项目中的主要空间关系。演示示意图比手绘示意图更为精细，文字和图片所表示空间关系也更为精确。这种图稿通常是用电脑创建或在扫描的手绘图上用电脑软件添加文字和图形信息产生的。

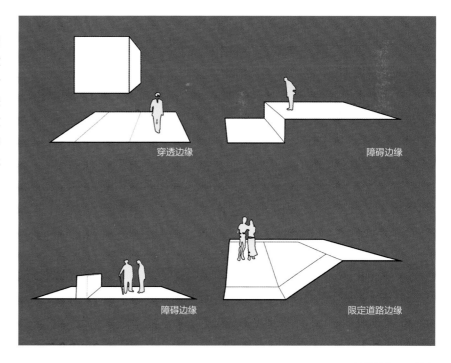

帕特里克·S. 拉索
演示示意图
波士顿建筑大学
学位项目工作室

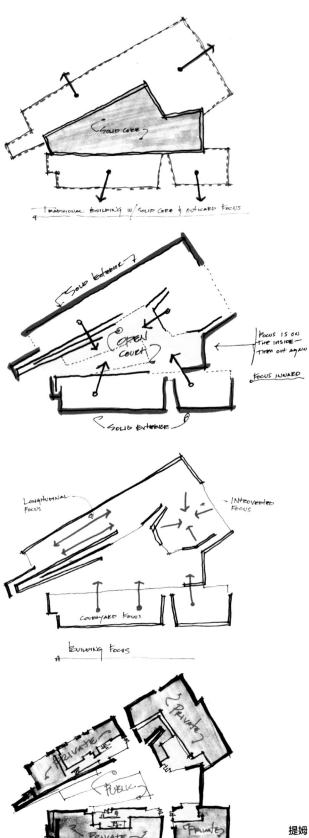

提姆·欧文
波士顿建筑大学
学位项目工作室

分析图

分析图可以理解为一种将现有信息或设计过程提取表现出来，以使空间关系更为明确、空间状况更为清晰的示意图。这种图多用于在设计初期了解现有地点、建筑或室内空间的情况。两种最常见的分析图分别为先例分析图和地点分析图。

分析图是探究项目的背景、先例和人员空间占用以及评估现有设计质量的有效工具。好的分析图能够清晰地呈现出项目中需要修改或移除的信息，而且可以直观地表现出集中调查或分析过程中得出的结论。

先例分析图

先例分析图用于调查建筑、空间、家具部件或任何与现有设计方案相关的内容。虽然调查图稿的内容会根据图稿的规模比例或范围的不同而不同，但图中用于表现与现有项目相关的新信息或准确信息的常用部件都是一样的。

左侧图是约翰·霍普金斯大学（The Johns Hopkins University）马丁中心（Martin Center）的示意图，这些图稿就是建筑先例分析的一个例子。这些图稿展现的是用一系列在室内和中央天井之间过渡的空间来划分公共空间和私人空间的过程。绘制这些图的学生通过把不同的元素，如视图、流通以及空间类型等区别开，将这些因素对空间体验和建筑结构的影响进行了对比。

地点分析图

设计师们以地点分析图来对现有环境进行探究、重现和演示，以表现出设计初期没有体现的潜在状况。地点分析图决定了一个地点或项目的环境如何被别人所理解，以及是如何影响空间的优先级排序的。因此，在地点分析图中选择表现的信息以及对环境信息的组织、测量和提取方式都会影响之后的设计决策以及最终的建筑效果。

右侧的地点分析图分析了底特律河滨地区不同方面的情况。虽然这个地区看上去似乎有很多空闲的建筑，但根据一些报纸和媒体报道，情况并非如此。

右侧的4张图稿是以对这一地点的新闻和文章报道内容为基础信息进行绘制的，其中展现了底特律河滨地区的位置、与交通运输相关的活动密度、开放空间、建筑发展以及污染状况等方面的情况。图中的文字主要用于模拟活动形式，文字的空间大小代表了活动的频繁程度。这些图主要用作覆盖图以表现项目外部范围的活动密度。此项目的设计目的是为了解决如何在这些已有建筑的基础上进行调整或重建以使底特律河滨地区恢复生气。

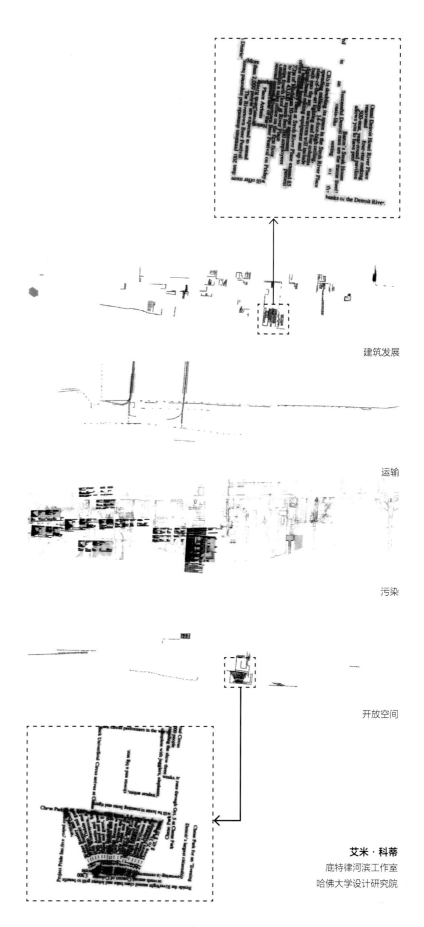

建筑发展

运输

污染

开放空间

艾米·科蒂
底特律河滨工作室
哈佛大学设计研究院

设计师们选择在示意图和分析图中呈现的变量影响着在研究对象上构建位置布局的设计决策过程。下面列出了一些可用示意图和分析图进行评估的变量或主题。集中展现单一主题的图稿通常就以此主题来命名：如描述流通情况的示意图就叫作流通示意图，展现项目情况的示意图就叫作项目示意图。

最具有吸引力的示意图和分析图通常展现了多个变量，从对这些因素如何影响建筑环境加深理解。通过在这些变量之间标示出比较结果，设计师们可以展现在初期示意图或分析图中没有体现的潜在状况。

流通
行人 / 车辆 / 水平垂直 / 入口出口 / 服务点 / 节点

文化
传统习俗 / 价值观

空间
焦点 / 边界框架 / 物理边界 / 外围位置 / 排列

市场
新闻 / 博客 / 市场 / 广告

短时因素
时间 / 速度声音 / 温度 / 阳光风

财政
未来发展 / 消费观念 / 市场价值 / 支出（预算VS实际）/ 税收 / 空置率

材料
材料质量 / 材料类型 / 建造过程 / 外观效果

规范
适当比例 / 层次效果 / 样式效果 / 规模尺寸 / 不同形式 / 调整线 / 实心效果 / 中空效果 / 室内效果 / 室外效果 / 对称效果 / 呼应效果 / 分区整合

规划
空间利用 / 面积接近性 / 灵活性 / 适用性 / 接近需求

事件
历史 / 趋势 / 再现

政治
国际关联 / 全球化 / 政策

系统
环境控制 / 可持续性 / 结构 / 机械

调整
区别法码 / 法律法规 / 设计方针 / 反馈评论

地点 | 环境
地形地貌 / 景观 / 水域 / 入口 / 相邻环境状况

历史
历史用途 / 历史里程碑 / 历史变化

用户
上班族 / 游客 / 居民

社交
网络 / 互动 / 私人—公共空间

活动
走路 / 跑步 / 就座 / 集会 / 合乎规定的 / 违法的

体验
记忆 / 视点 / 视图 / 空间感受

气泡图、方块图和网格图是更为抽象的示意图，这些图稿中的图形并不需要和建筑中的实际图形相符。这些图一般是在规划阶段被用于决定建筑结构和室内空间的形态。

这些示意图的构图极大地影响着设计理念的产生和表达过程。改变示意图的比例、大小、位置、颜色、结构以及各变量的使用情况都会影响图中各元素之间的相互关系以及这种关系中的意义。

气泡图用简略的圆形或矩形对比了空间的大小和邻近度。在设计过程中，圆形示意图常被修改为方块图，这种示意图在比例规模、空间状况以及空间衔接的表达上更细致。

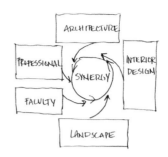

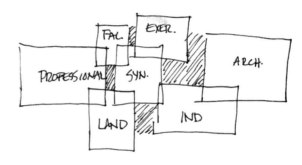

赖安·纳维多米斯基
气泡图
波士顿建筑大学
学位项目工作室

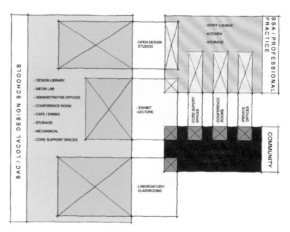

项目示意图：空间关系

提姆·欧文
方块图
波士顿建筑大学
学位项目工作室

节点

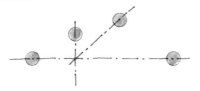
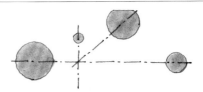

用一组节点可以在平面图中表示人与人之间的空间关系，不同的颜色可用于区分不同类型的人群

节点加上轴线可在平面图中表示地标或焦点

调整节点的大小可以改变节点之间的层次效果

连接线

实线加单侧箭头可表示因果关系、产生影响或两个变量之间的关系

虚线加单侧箭头可表示隐藏连接或暗含关系

实线加双侧箭头可表示往复关系

曲线加单侧箭头可表示短时性动力，如风或阳光等

弯曲的虚线或点线可表示移动路径

在弯曲的虚线或点线上添加节点可表示移动路径上的某一位置

空间区域

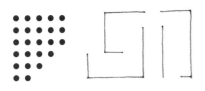
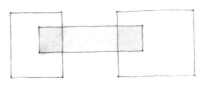
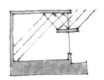

节点网格或者并列线网格可表示暗含的空间区域

与两个平面相交的平面代表重叠空间区域

变化性因素，如光线和流水等可绘制成特殊的平面

符号

人、树和建筑等可用抽象符号进行表示

人的视线等抽象效果可用一个平面或一条线来表示

文字注释

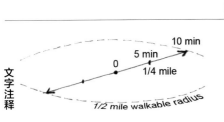

在连接线上添加文字或数字可以为图稿增加多层含义

在平面中置入整体性文字可用于表示各区域的活动类型。虚线轮廓用于代表建筑，作为标量和位置的参考

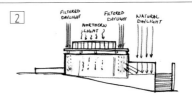

文字还可用于描述进入建筑的光线类型

节点

节点是指无方向的点，在示意图中用于表示部位。节点可以用作交点、中心点、起始点、结束点以及数据点等。在平面示意图和轴测示意图中，节点可以表示人的位置或空间内的地标位置。

连接线

连接线表示的是两个或多个物件之间的关系。根据线宽、线条类型、尺寸、形状以及起始点和结束点分界线的不同，连接线可表示道路、方向、影响、因果关系、移动路径和动力等。通过增加线条或箭头的大小，可表示更强的动力或更明确、更紧密的关系。

空间区域

空间区域是一个在示意图中表示空间面积、边缘或范围的平面。空间区域中可以有颜色、开口、明暗和轮廓等方面的不同。用密集的节点或并列线也可以表示空间区域；这些节点或并列线之间的分离空间可被看作是一个整体平面。如果一张示意图主要是由平面构成的，则被称为气泡图为方块图。

符号

符号就是对人、地点或物件的抽象、简单的表示。大部分设计规范中的符号外观都与其代表的对象相似，如人、树等。

文字注释

文字注释就是在示意图和分析图中加入文字以更为细致地表示出对象关系或变量等。文字注释也可以用于表达实际情况或调查结果，以帮助其他人了解示意图的内容以及设计师的理念。通常情况下，这些文字都会置入到图形中以便于和图片进行同时辨识。

图形记号

图形记号是一套由简单的笔画、符号和文字注释组成的视觉速写系统，用于为示意图和分析图添加标示意义。图形记号是以各种图稿类型以及基本点、线、面为基础的，设计师可以用这些记号来快速表现元素间的抽象关系以及丰富他们自己的记号系统，以便为他们的示意图添加更为明确的意义。

设计师们会利用多种不同的媒介工具来创建不同的记号标示。例如，用马克笔可以绘制较粗的记号，以表示变量间更宽、更松散的关系。这种记号可用于丰富大尺寸的示意图以及早期的纲领性示意图，在这些图中不同区域间的空间关系是没有体现的。铅笔和钢笔可绘制出更细致的记号，用于表示更为详细和小规模的变量关系。简单的电脑图形也可以用作图形记号，用于创建整合了文字、色彩和线条等元素的演示图。

1

帕特里克·S. 拉索
波士顿建筑大学
学位项目工作室

2

唐纳德·巴拉尼
波士顿建筑大学
巴黎工作室

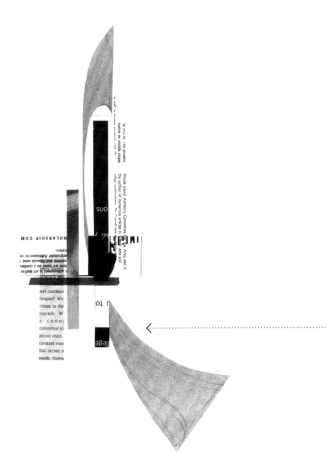

埃琳娜·拉亚
平面示意图
哈佛大学设计研究院

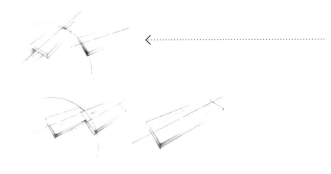

凯文·阿斯穆斯
等视示意图
波士顿建筑大学
学位项目工作室

图稿类型及意义

平面图、剖面图、立面图、等视图以及透视图都可以应用于示意图和分析图的绘制。选择哪一种图稿类型是由示意图或分析图所涉及的因素的数量决定的，这一数量受变量或需要探究的关系数量以及设计阶段的影响。

平面示意图以及剖面示意图

平面示意图及剖面示意图的很多特性都是相同的，并经常可以交替使用。例如，设计师经常会先绘制一张平面示意图再将其转化为剖面图，反之亦然。这些图稿表现了室内和室外空间之间的关系、相邻项目、房间的正规结构、地点关系、光线以及视图等方面的内容。剖面示意图通常包含比例符号（如人、树等）和地平面等信息，以确定建筑或空间的范围和位置。

这张平面示意图概括了不同类型的空间用途间的关系。绿色区域表示的是庭园用途。

立面示意图和分析图

立面示意图和分析图表现的是建筑外部、室内房间表面和家具轮廓的布局关系以及组织原则。通过立面示意图还可以对材料和颜色的选择进行研究。

等视示意图和分析图

等视示意图表现的是整体中某一部分的系统关系。这种类型的示意图适合用于评估多个变量、复合流程以及空间关系，因为在这种图中设计师可以探究三维视图中的平面及剖面关系。

这些等视图表现了建筑的三个楼层，用于展示每一层楼的平面图的旋转效果。

透视示意图和分析图

透视示意图常用于评估空间中的移动体验、强调视图、移动路径以及焦点等内容。通过绘制一系列透视图可以从不同的视点来表现移动路径，可呈现出观影效果。如果将透视示意图和平面图、剖面图或等视图综合起来运用的话，观察者的位置也更容易辨识。

右侧的这张建筑剖面示意图用于探究垂直方向和水平方向上的项目关系。

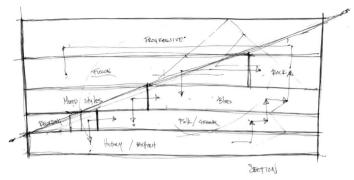

凯文·阿斯穆斯
剖面示意图
波士顿建筑大学
学位项目工作室

右侧的这张立面示意图是一张最终演示图，其中表现了图稿的尺寸以及它们的相互关系。这张图的作者是一名学生，通过这张示意图确定了组织图稿和表现项目的方式。

洛丽·安德森·威尔
立面示意图
萨福克大学新英格兰艺术设计学院
毕业论文工作室

下方的这张分析透视图用于表现波士顿市政厅广场周围的行人视图。

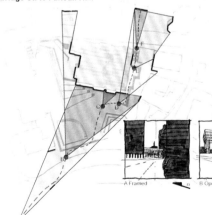

Cambridge St. to Faneuil Hall

卡特里娜·雷耶斯·罗兰
分析透视图
波士顿建筑大学
学位项目工作室

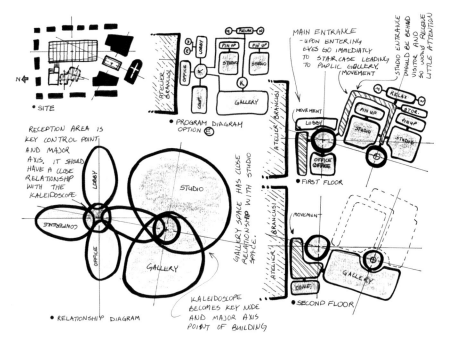

唐纳德·巴拉尼

手绘示意图

波士顿建筑大学

巴黎工作室

通过绘制手绘示意图我可以快速明确各种信息的层次关系。首先，这些示意图可用于分析地点并帮助我理解建筑与开放空间之间的关系。第二，示意图中可以展示出建筑的基本体积。气泡图可用于展示各空间之间的基本关系，而这些空间会在之后的项目示意图中得到体现。最后，这整个项目会调整到与最适当的建筑体积相符的最佳状态。

——唐纳德·巴拉尼

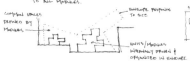

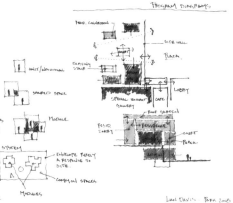

李安·戴维斯

手绘示意图

波士顿建筑大学

巴黎工作室

左图所示是一个工作室的项目，这个项目的独特性在于它的整个设计过程都是用草图来完成的。这些示意图中表现了各个项目元素与周围环境之间的关系，这让我可以将抽象的思维转化为包含现有建筑和地点的有具体意义的空间。这些草图展现了我在设计各个区域、部位时所用的方法。

——李安·戴维斯

本页给出的这一系列的演示图展现了很多高质量分析图和演示图的绘图原则。这些图是理查德·格里斯沃尔德为初学设计的学生授课时绘制的幻灯片，其中展示了波士顿建筑大学的第一届基础工作室是如何建立的。虽然这些示意图都是用电脑绘制的，但是图中所用到的这些简单图形也同样可以用于徒手绘图。

清楚定义变量和图形记号

在幻灯片1中，格里斯沃尔德先展示了一个图例，清楚地定义了接下来一系列幻灯片中将要用到的主要图形记号。每一个圆或节点都代表一个人，而不同的颜色代表了不同类型的人群：导师、顾问、不同年级的学生以及基层主管。

用文字注释鉴别示意图

文字注释被整合到幻灯片1中的节点队列中，为每一种不同类型的人群提供了额外的统计信息。这些额外数据使得格里斯沃尔德的分析更为明确，也使波士顿建筑大学的学生可以更好地理解教学内容。图中展现了两种不同大小的文字，大尺寸的文字可与有色节点进行同时阅读，而小尺寸的文字则属于二级附加元素。

幻灯片2和幻灯片3展示了大学范围内的工作室空间。这两张幻灯片可以看作是幻灯片1的延续，其中给出的信息进一步完善了对工作室空间的介绍；它们同时也是幻灯片1和幻灯片4之间的一个过渡，在幻灯片4中背景被移除，只保留了每一间教室的空间布局。

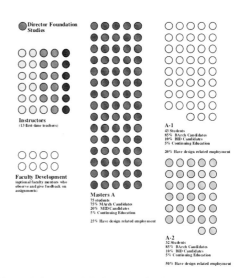

夜间基础工作室的181位学生 2005年秋　　　幻灯片1

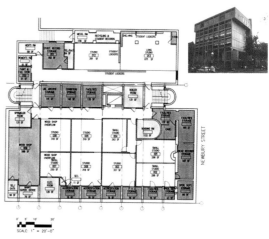

教室分布：波士顿纽伯里街320号地下室

幻灯片2

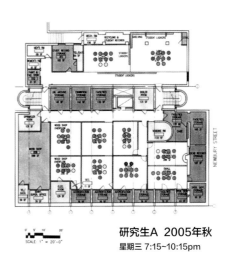

研究生A 2005年秋
星期三 7:15~10:15pm

幻灯片3

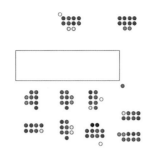

研究生A 2005年秋
星期三 7:15~10:15pm

幻灯片4

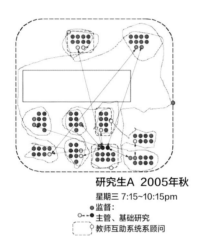

研究生A 2005年秋
星期三 7:15~10:15pm
●─● 监督:
○─●─● 主管、基础研究
⊏⊐ 教师互助系统系顾问

幻灯片5

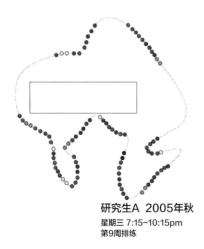

研究生A 2005年秋
星期三 7:15~10:15pm
第9周排练

幻灯片6

在幻灯片4至幻灯片6中，格里斯沃尔德集中表现了不同人群在设计工作室中的社交情况。格里斯沃尔德在幻灯片4中移除了平面背景，用一个简单的矩形来表示中央空置区域，这样就排除了会分散观众注意力的元素，并表明了构图中各节点与主要焦点之间的关系。

用连接线完善变量间的多重关系

格里斯沃尔德在幻灯片5中用三种不同类型的连接线解释了四种不同人群之间的互动关系。格里斯沃尔德绘制了单箭头虚线、单箭头点线以及单箭头实线表示了系顾问与各位工作室导师之间的联系、基层负责人监督设计工作室的路径，以及有经验的系顾问与新晋导师的配对情况等。每一条连接线都在幻灯片底部配有一个小型图例。

幻灯片4和幻灯片5表现了一周内设计工作室的主要布局：在10个教室中分别有7至8名学生，以及1至2名导师。幻灯片6展现了工作室分组的临时布局，这张幻灯片表达的是每一个项目进行最终回顾之后的排练布局，即将所有的节点置于同一条路径之上，而这条路径则贯穿所有的工作室。

理查德·格里斯沃尔德

演示幻灯片
波士顿建筑大学
学生教育处副教务长

Chapter 12

渲染技巧

渲染是设计师用于明确和表现其对于规模、材料、空间质量和空间利用等方面设计意图的手段。

本章的内容主要包括以下四个部分：

- 明暗和色彩：铅笔、彩色铅笔、马克笔、水彩、炭笔以及蜡笔的渲染技巧。
- 环境：为图稿添加比例元素，如人、家具以及植物等。
- 大学技巧：将纸张或照片固定在绘图板上以创建渲染图。
- 数字技术支持：用电脑绘图软件作为构思工具并渲染图稿。

在本章将通过学生和专业设计师的作品案例，以表现各种可供设计师们使用的不同类型的渲染技巧。在阅读本章内容的同时，你最好回顾一下前几章中给出的渲染案例。

在阅读本章内容的同时，思考下列问题：

- 如何运用不同的渲染技巧来明确和探究你的设计理念？
- 不同的色彩搭配对于设计效果会造成怎样的影响？
- 在设计过程中如何将数字和手绘技巧整合在一起？

凯文·阿斯穆斯
马克笔渲染透视图
波士顿建筑大学
C-2工作室

渲染是指为图稿添加色彩、明暗度以及如人、植物、家具等标量元素。设计师们往往在构思阶段用渲染图来检测不同的材料及色彩所产生的效果，进而明确比例、形式和空间规模，以及空间用途。

对于设计师来说，虽然渲染技巧很多，但并没有哪一种是最正确的。纸张类型及工具的选择取决于你想要表现的内容、你有多少时间以及你对纸张工具舒适感的要求。

要持有开放态度，勇于尝试新的技术及媒介，以提高你的渲染技能。研究其他设计师的渲染图以学习他们的渲染技巧并与你的同伴进行讨论，以明确光线、阴影、材料以及部件是如何对空间外观和空间利用产生影响的。

徒手渲染图

渲染是一个耗时较长的过程。在最初的概念阶段，设计师会快速为图稿添加色彩并调整明暗度，以表现空间深度、各个主要的空间关系或探究不同的设计选项。人和植物一般以简单形态进行绘制，用于作为参照比例和形式。

右侧上方的透视图就是在构思过程中渲染图稿的一个例子。图稿中添加了色彩、人物和家具等以研究规模比例和空间体验。

对演示图往往进行更为细致的渲染，以体现出更为真实的设计预览效果，在图稿中也会添加更多的细节，以便向不熟悉项目的人呈现设计理念。本页和上一页的透视图就是渲染演示图的例子。

数字渲染图

在数字渲染过程中，明暗、色彩、环境等效果都是通过电脑绘图软件（如Photoshop等）制作出来的。构思完成阶段的演示图多为数字渲染图。在右侧下方的渲染立面图中，材料、景观元素以及相邻地点的环境都是用Photoshop线性整合到一起的。

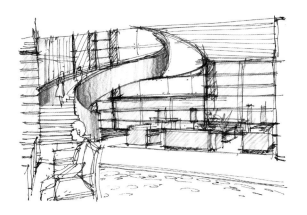

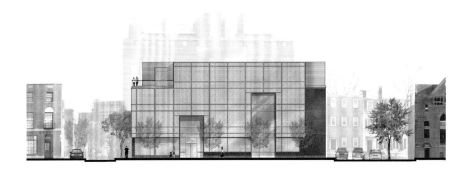

Arrowstreet建筑事务所

上图和中图：
室内大厅的彩铅渲染透视图

下图：
用Photoshop绘制的渲染立面图

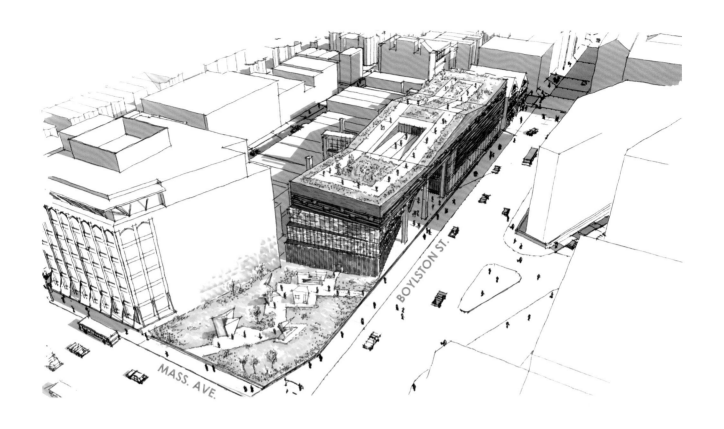

设计图中的很多不同特性都可以用简单的色彩来快速进行体现。我运用色彩表现了前景与背景中不同透明度的材料、遮蔽物、阴影以及方位的改变等。通过调整色彩阴影来体现光线变化，表现出了体积和深度效果，突出了前方的部件，使其更易于辨识。

——凯文·阿斯穆斯

凯文·阿斯穆斯
用Faber-Castell牌马克笔和图案纸
进行的渲染立面图和渲染透视图研究
波士顿建筑大学
学位项目工作室与C-2工作室

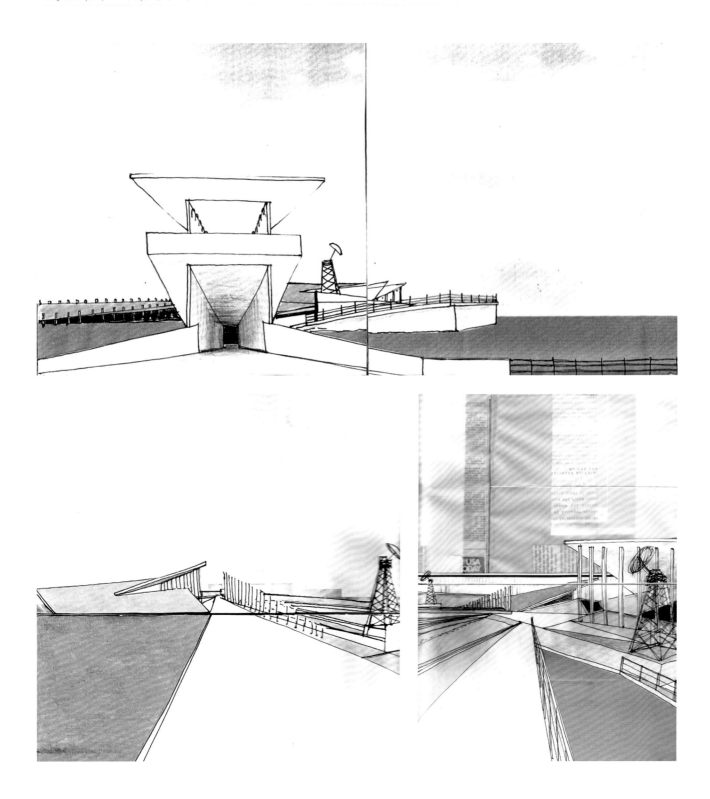

埃琳娜·拉亚
彩纸底板上的聚酯薄膜墨水透视大学图
哈佛大学设计研究院

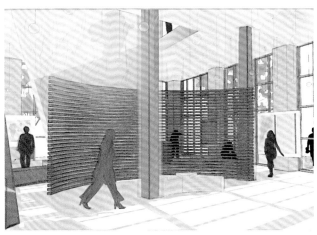

比利·乔·巴里尔
数字渲染透视图
萨福克大学新英格兰艺术设计学院
毕业论文工作室

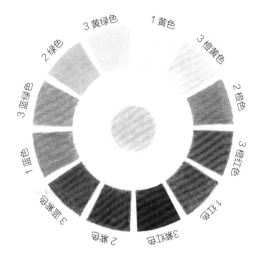

明暗与色彩

在图稿中添加明暗与色彩可使三维效果更为明显。明暗与色彩有利于区别光亮区域和阴暗区域，并通过表现材质和样式体现出标量特征。

用灰度或色彩对图稿进行渲染时，若对于色调、明度以及饱和度有全面的了解则可以实现更好的构图，从而保证更好的渲染效果。

色调

色调是色彩强度的一个衡量标准。左侧的色轮明确展示了不同色调之间的关系。

· 红、黄、蓝是三大基础色调，其他所有的色调都可通过这三原色调配出来。

· 通过对三原色进行组合调配可产生橙色、绿色和紫色等合成色。

· 将三原色与合成色进行组合调配可产生橙黄色、橙红色等三次色。

· 在色轮上处于相对位置的色调叫作对比色，对比色相加可产生灰色。

明度

明度是对明暗度的衡量标准。在图稿中添加明度变化可使空间显得柔和或坚硬。成功的渲染是建立在适当的明度变化基础之上的，对黑白灰的合理运用可以在构图过程中创建空间深度和对比效果。

饱和度

饱和度是对色彩灰度的衡量标准。饱和度最高的色彩就是没有与其相应对比色混合的色彩。对比色加入得越多，色彩的饱和度也越低。

色彩搭配

· 在单色图中，使用的是不同明度和饱和度的单一色调。在图稿中各图形的视觉中心使用单色渐变可实现统一的色彩效果。

· 近似色是在色轮上彼此相邻的色调。使用近似色的图稿也能呈现出一种统一的色彩效果。

· 对比色和三色组（色环上距离相等的三种颜色的组合）可使图稿呈现出有活力的色彩效果。这种色彩搭配突出对比和强调了空间内的色彩和材质效果。

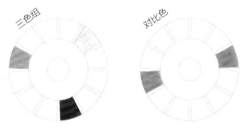

用色彩创造焦点

用对比色可强调突出空间的焦点。

远感色和近感色

红色、橙色和黄色等暖色给人的感觉要更近一些；蓝色和绿色等冷色给人的感觉则要更远一些。

模拟表面深度

要在某区域创造光影效果和反射效果，可用近似色或不同明度与饱和度的单色来对这一区域进行渲染。

明度研究

明度研究就是用铅笔或灰色马克笔对图稿进行灰度渲染。在进行色彩渲染之前，先进行灰度渲染可更好地保证构图中的光影平衡。

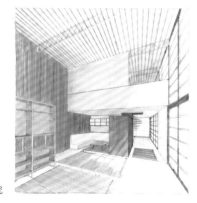

明度研究

铅笔和墨水笔描影

用铅笔在铅笔拟绘的图稿上进行渲染或用墨水笔在墨水笔拟绘的图稿上进行渲染都可以保持图稿线宽和明暗度的一致性。墨水笔和铅笔在光滑的纸面上绘制的明暗度最为平均，效果最好。

虽然无论哪一种钢笔都可以用于图稿渲染，但Micron牌和Itoya牌的艺术画笔对于设计师来说是更优的选择。因为这两种牌子有多种不同粗细的画笔，并且比传统的美术画笔效果更好，因为它们是无酸性画笔，而且出墨更均匀。

用铅笔和墨水笔来描绘明暗效果主要有以下5种技巧。

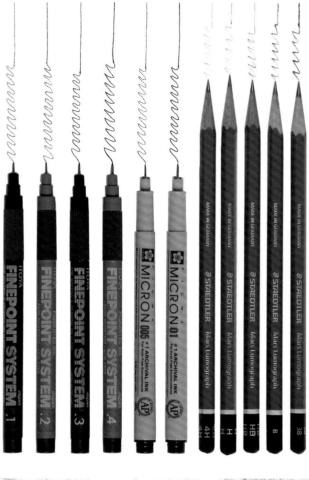

描影法

· 使用铅笔倾斜45°角在纸上不断绘制斜对角线可创造均匀的明暗效果。
· 在原有的铅绘暗面上进行二次绘制可得到加深效果。
· 软芯铅笔可创造更深的阴影效果，但在暗度较浅时，看上去就会有颗粒感。用更硬的铅笔，如4H和2H铅笔可创建更浅、更光滑的涂层。

影线法

· 在纸上按同一方向不断绘制平行线以创建阴影效果。
· 线条越紧密则暗度越深，线条越疏松则暗度越浅。

十字法

· 从两个或多个方向绘制垂直线条以创建十字阴影区域。

点刻法

· 使用点也可创建明暗效果。
· 通过控制点的密度可控制明暗程度。

涂画法

· 绘制多条曲线也可创建阴影效果。
· 这些曲线一般彼此交错，以便于使所有曲线交织在一起，突出这一区域的整体阴影效果。

铅笔描影　　　4H铅笔涂层　　　3B铅笔涂层

影线法　　　十字法　　　十字法

十字法　　　点刻法　　　涂画法

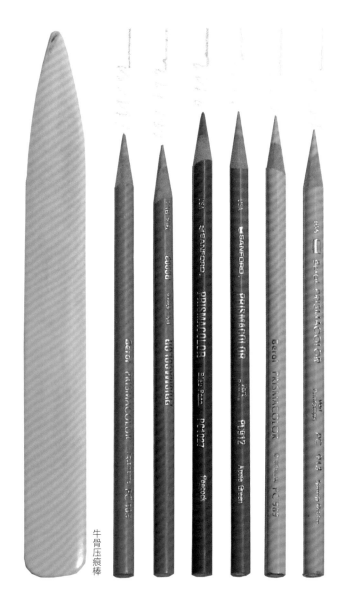

牛骨压痕棒

用彩色铅笔进行渲染的很多技巧都和用铅笔与墨水笔进行渲染的技巧相同，如影线法、描影法、涂画法等。彩色铅笔易于操作，也是为图稿上色最快的工具之一。通过调整笔触力度，可以产生多种不同的明暗度，从浅色涂层到高饱和度色调都可用彩色铅笔来实现。无论是白色和黄色的描图纸还是图案纸，彩色铅笔在这些纸张上的绘图效果都很好。在光滑的纸面上绘制出来的线条往往更为流畅和均匀，而在粗糙的纸面上绘制出来的线条则时常会显得有颗粒感。艺术品牌，如Prismacolor和Berol的画笔就更为柔软，比商用品牌质量更高，更利于创建阴影效果。

概念渲染及最终渲染技巧

· 在概念图稿中，大多只用一支彩色铅笔以描影法添加色彩。

· 在精修图稿中，大多情况用多层近似色涂层来体现表面的深度和光影效果。

· 要添加阴影效果，用铅笔在彩色铅笔绘层上进行二次描绘即可。

压刻纸面以创建纹理

用Xacto刀或牛骨压痕棒在纸面上进行压刻可创建微小的凹痕。在这样的纸面上进行上色时，凹痕处就会呈现为颜色较浅的线条。这种技巧在渲染楼层和电梯的连接处时非常适用。

铅笔与马克笔搭配使用

设计师们常用彩色铅笔在马克笔绘层上进行二次描绘，以添加细节、高光以及阴影。

单支铅笔涂层

4种近似色的铅笔涂层

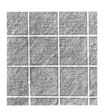

压刻纸面上的铅笔涂层

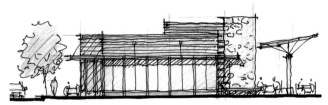

彩色铅笔绘层上的铅笔涂层

马克笔绘层上的铅笔涂层

Arrowstreet建筑事务所
在描图纸上用彩色铅笔及墨水笔绘制的立面图

马克笔是一种多用途工具，可以用于在图稿的关键区域或复杂的彩色图中描绘阴影以快速创建概念渲染图。马克笔的墨干得快，可以节省渲染时间，而且用在墨水笔绘制的图稿上效果更好。马克笔有多种颜色以及笔尖尺寸等型号，包括细头、粗头、圆头，以及可粗可细的刻刀形头等等。

在没有吸水性的纸面上用马克笔进行绘制时，如牛皮纸、聚酯薄膜以及描图纸等等，画出来的颜色更柔和也更浅。在有吸水性的纸面上，如铜版纸和图案纸等，使用马克笔画出来的颜色就更浓更重，而且不易混在一起。

使用技巧

· 用马克笔朝同一方向描绘线条是最常用的方式，尤其当在有吸水性的纸上进行这样的操作时，线条效果更为明显。不规则的线条可创造一种分散感；而没有线条的空白处可用于突出部件的形状。

· 用马克笔描绘的彩色涂层可相互叠加，以产生近似于水彩的渲染效果。

· 用马克笔在半透明的纸背面可描绘出一种较浅的颜色效果。

· 用马克笔画直线可模拟水平面上的投影，如楼层或柜台等。

· 在马克笔绘层上可以用彩色铅笔添加如高光、阴影及表面纹样等细节。

· 由于马克笔的颜色非常鲜明，很多设计师都只使用特定几种颜色的马克笔，以创建更为统一的色彩渲染效果。

Arrowstreet建筑事务所
空中透视图
用马克笔和墨水笔在描图纸上绘制

在左下方这张用马克笔绘制的图稿中，关键性的元素都以彩色效果呈现，而其他元素则是用黑色笔绘制的。图中的道路是用马克笔以透视方式绘制的，其中主要强调了流通移动路径以及在立面图中观察者的角度。

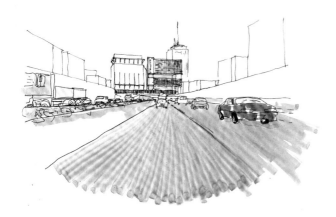

Arrowstreet建筑事务所
空中透视图
用马克笔和墨水笔在描图纸上绘制

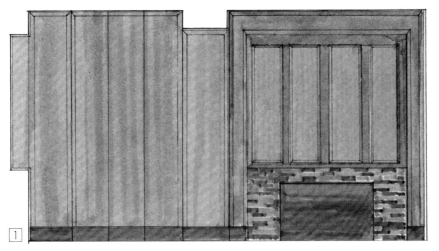

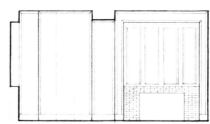

在用马克笔对图稿进行渲染时，首先要将图稿轮廓打印到牛皮纸、铜版纸或马克纸上，或者用墨水笔在铅笔轮廓上描画一遍。

步骤1：整体彩色涂层

· 用同一方向的线条在立面图中描绘出整体色彩和材质色调。

· 上图中重叠的垂直线条代表了木材纹理，也是为步骤3做准备。

步骤2：阴影

· 用灰色、深蓝色或黑色的彩色铅笔添加阴影效果。

步骤3：细节

· 用彩色铅笔添加木材纹理、高光和暗光等效果。

· 在本页例图中，壁炉上的砖块纹理是用墨水笔来绘制的。

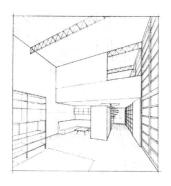

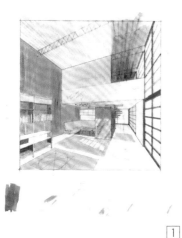

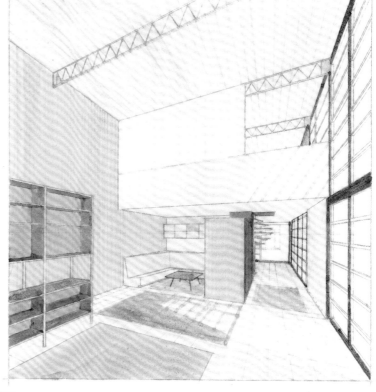

1

2

3

步骤1：色彩研究

· 对下方透视图进行渲染的第一步是快速地进行色彩
  研究，以确定使用颜色及阴影位置。

· 在渲染复杂图稿时先进行色彩或明度研究可以节省
  很多时间，由此设计师就可以快速对绘图技巧以及
  整体构图进行检验。

步骤2：整体色彩涂层

· 用同一方向的线条在轮廓图中描绘出整体色彩和材
  质色调。

· 右图是用黄色为底色来为木板墙添加深度效果。

步骤3：阴影和细节

· 在底色上用马克笔进行二次描绘以添加阴影和表面
  细节。用浅灰色和深灰色的钢笔以规则线条来绘制
  天花板上的阴影。

· 为避免纸面上墨水的堆积，且使颜色更好地混合在
  一起，可在墨还没干时用手指进行涂抹。在右图中
  就用此技巧在中间的木板墙上创建光影过渡效果。

· 若还需要进一步进行精细化处理，可用彩色铅笔进
  行三次描绘以添加更小的细节。

Arrowstreet建筑事务所
墨水轮廓的水彩透视图
湿刷技巧示例

水彩是一种多用途的工具，其色彩效果半透明且可进行无缝混合。根据浓稠度、颜料以及绘图技巧的不同，用水彩可以实现多种不同的明度和色调。

水彩是一种较费精力的绘图方式，因为用水彩进行绘图之前需要将纸张固定在绘图板上，而且水彩颜料需要一段时间才能干透。厚一些的纸，如齿印纸或木纹纸对于水彩颜料来说是更适合的载体，因为这些纸可以更好地吸收水彩颜料。图稿轮廓一般被提前打印在这些纸上，并将纸面固定或粘在绘图板上，以防止水彩颜料使纸面卷曲或起皱。

塞伦·安德森
室内水彩画

平涂技巧

· 若要添加色彩涂层，只需用单色在纸上创建均匀或渐变效果即可。需要添加色彩的区域先用水湿润，再用排笔将颜料均匀刷上。

· 若要创建从深到浅的渐变效果，只需要不断用水稀释颜料并上色即可。

湿刷技巧

· 此技巧是指用足够的水来调和颜料以产生混色效果。

· 先用水均匀湿润需要渲染的区域。用排笔蘸上颜料轻轻地在纸面上进行刷绘，从而产生浅淡的色彩。通过对多种颜色的混合可创建出不同颜色之间的过渡色。

· 此技巧非常适用于绘制柔和、模糊的背景元素。

干刷技巧

· 此技巧是指用较少的水来调和颜料。由于颜料较为浓稠，所以笔触可以很细，从而可以绘制更多的细节。

· 此技巧非常适合用于绘制清晰细致的细节纹理。

上光技巧

· 此技巧是指在已干的水彩颜色上用非常浅的颜色进行平面刷绘。这样刷绘出来的颜色可以和原有的颜色揉合在一起，成为一个整体。

· 黄色、蓝色、玫瑰色等都非常适用于上光，这些颜色可以反复重叠直到达到令人满意的效果为止。

制作蜡笔屑涂层

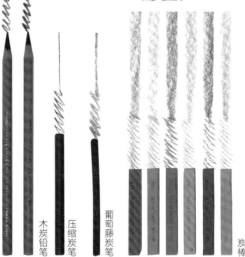

步骤1：

· 将要上色的区域用胶带隔离出来。

· 用Xacto刀从蜡笔上刮下蜡笔屑。

步骤2：

· 用棉球将蜡笔屑均匀涂抹在需上色的区域。

· 重复前几步直到实现了预期的色彩效果。

· 揭去胶带，在其他需要上色的区域重复步骤1和步骤2。

木炭铅笔　压缩炭笔　葡萄藤炭笔　炭棒

炭笔和蜡笔由于笔头较宽较软，所以比起其他的工具来说这两种笔一般不用于绘制细节。虽然如此，但这两种笔非常适合在彩纸上进行绘图，而且用搅拌棒、棉球或棉签就可以将多种颜色混合在一起。在用炭笔或蜡笔确定了底面颜色以后，可以用橡皮或粉笔来创建浅色线条或高光效果。

用蜡笔轻轻涂画可创建半透明的色彩涂层。其中一个蜡笔使用技巧就是用蜡笔屑来创建实心色彩涂层。

炭笔适用于绘制高清图稿，因为这种笔的颜色较深，可以创建从浅到深的自然过渡效果。炭笔有很多不同的类型，包括笔触较软颜色软深的葡萄藤炭笔、笔触较细颜色不容易混合的压缩炭笔等。炭笔多用于绘制细节线条，有软、中、硬三种类型。

基布韦·戴西
餐厅室内设计概念图
带彩色铅笔高光的炭笔透视图
Arrowstreet建筑事务所

林贤
彩色铅笔透视图
麻省理工学院设计工作室

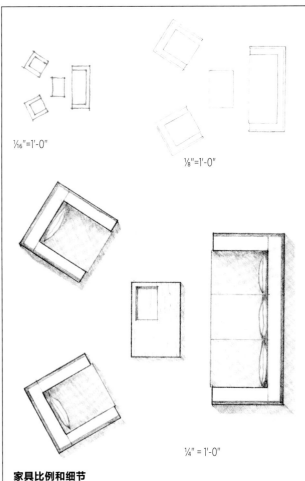

⅟₁₆"=1'-0"

⅛"=1'-0"

¼" = 1'-0"

家具比例和细节

随着绘图比例的增大，也需要为家具添加更多的细节。

· 按 ⅟₁₆"=1'-0" 和 ⅛"=1'-0" 比例绘制的家具需要画出轮廓和家具板块。

· 按 ¼" = 1'-0" 比例绘制的家具需要有更多的细节和阴影，以展示设计的独特之处。

添加图标

图标用于表示空间内各元素比例，如人、车、家具、植物以及其他装饰物件等。

设计师们用图标来检验空间比例尺寸，并向其他人介绍空间的用途。绘制图标的方法有很多。在早期的概念图以及阶段图中，人物或部件通常是用铅笔或钢笔进行简略绘制。在精修图中，则会将人物画得更为细致真实一些，也会画出家具的板块或细节。其细致程度与比例大小有关。

图标与图稿的关系

无论用什么方法来绘制图标，都需要添加人物或部件来使得图稿轮廓或渲染效果更为完整。如果图标的绘制方法与图稿完全不同，则它可能会压过图稿本身。下一页的图稿展示了手绘图标与渲染图风格之间的密切关系。

1

乔纳森·C. 加兰

对页，上图

马克笔透视图

波士顿建筑大学

学位项目工作室

2

凯文·阿斯穆斯

对页，中图

墨水笔及铅笔透视图

波士顿建筑大学

学位项目工作室

3

Arrowstreet建筑事务所

对页，下图

彩色铅笔透视图

马克笔渲染图标

· 图中右侧用马克笔绘制的人群是由粗略的墨水笔线
条和随机样本色彩组成的。

· 用这种绘制方法学生可以快速对图稿进行渲染，并
表现空间用途和比例。

1

墨水笔-铅笔渲染图标

· 在右侧的钢笔-墨水笔透视图中，人物的轮廓用简单
几笔勾勒出来，与透视图中的整体风格相符。

· 在右侧精细化的铅笔渲染图中，离视点最近的部件
轮廓包含更多的细节，而且其轮廓阴影还用于确定
地平面的位置。远处的部件轮廓则更简略一些。

· 在透视图中加入人物时，不管人物与视点的距离是
多少，站在地平面上的人物的视线水平都应该与地
平线保持在同一高度。

2

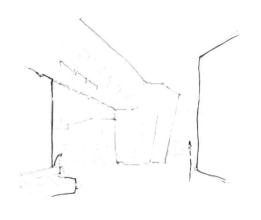

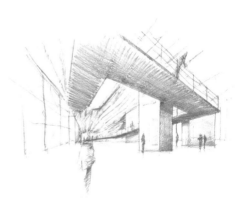

3

彩色铅笔渲染图标

· 在右下方的彩色铅笔-墨水笔渲染图中，人、树、车
和家具的线条与建筑物线条有相同的粗细和色调。

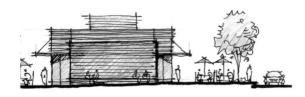

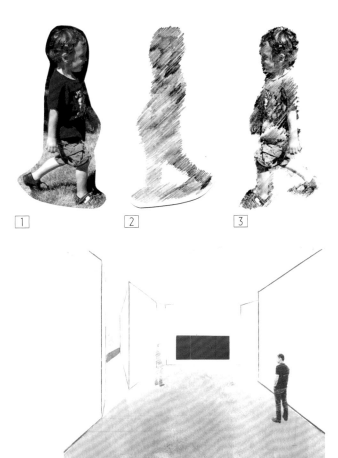

丙酮翻绘技巧

丙酮或洗甲水都非常适用于将照片上的人或物件翻绘到图稿上。此方法产生效果与自动铅笔、墨水笔及彩色铅笔所绘制出来的效果相似。

步骤1：选择图片

· 选择一张杂志图片（非光滑纸面）或冲洗一张照片，将你想要翻绘的人或物件沿着其外轮廓从图片上裁下来。

步骤2：翻绘图片

· 将裁好的图片正面向下置于图稿上，用棉球或排笔在图片背面刷上丙酮。
· 用铅笔或其他的硬头工具涂画图片的整个背面，从而将图片正面的内容翻绘到图稿上。在涂画时需要用点力，不然图片内容可能翻绘不全。保持以同一个方向涂画，因涂画的痕迹在图稿上是可见的。若在完成涂画之前丙酮就挥发了，只需再刷一些丙酮即可。

步骤3：显示图片

· 在将图片从图稿上移开之前，将揭开图片的一个角确定一下图片内容是否成功翻绘了。
· 确定翻绘成功后，将图片移除。
· 这个方法也可用于将打印出来的内容翻印到其他的纸（如牛皮纸或聚酯薄膜）以及建模材料（如硬纸板和木板）上。

布赖恩·克尔
添加了丙醇翻绘人物的
铅绘图
波士顿建筑大学
研究生A工作室

柯尔斯顿·A.劳森（Kirsten A.Lawson）
模型照片+彩纸+杂志照片
波士顿建筑大学
研究生A工作室

拼贴是通过将纸片粘贴到二维表面上为图稿添加明暗、色彩以及图标的过程。拼贴得到的效果比本章之前所介绍的照片转移效果要更抽象一些，这也使得拼贴更适合用于设计的构思阶段。

拼贴技巧

· 最基本的技巧就是将彩纸或有抽象图案的纸裁剪成特定的形状以填充铅笔或墨水笔轮廓内的墙面或地面。

· 成功的拼贴还用没有可辨识图形的纸为图稿添加明暗、色彩及表面纹样。例如，通过用彩纸或有抽象图案的纸代替有门窗图案的杂志图片，设计师可以创造出更符合其设计特点的拼贴效果。

· 地点背景的照片可以配合手绘来展示当前设计与其背景之间的关系。

· 另一个有效的拼贴技巧就是将照片或物理模型与比例图形以及地点照片融合到一起，以模拟项目的透视效果。这是一种快速渲染方法，适合在没有时间绘制透视图的时候使用。

· 将不同的拼贴元素组合到一起的方式会影响拼贴的效果。一般来说，都会将拼贴接缝置于角落或部件边缘的位置。

· 为展现独特的表面效果，就要对拼贴好的图稿进行扫描或照相。这可以消除杂志图片的反光效果，同时也可以减弱不同纸片之间的拼接效果。

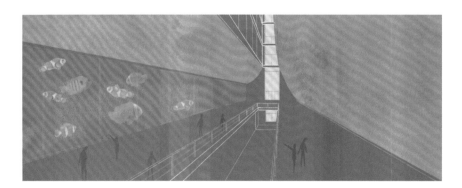

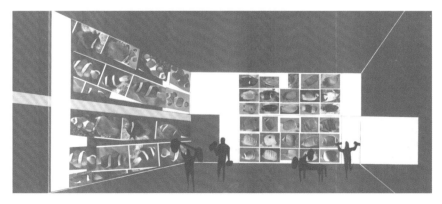

埃琳娜·拉亚
透视拼贴
哈佛设计研究院
设计工作室

Photoshop概览

只要能够熟练运用Photoshop中几种工具，即使是刚开始学习设计的学生也可以用这套软件来进行数字渲染或为手绘图添加图标。这一节介绍的就是常用的Photoshop工具以及命令。

"选项"面板（Option Palette）

当你选中某一个工具后，菜单栏的下文就会出现选项面板，给出关于此工具的更多选项。

"历史记录"面板（History Palette）

历史记录面板中显示出了所有的操作记录。你可将某一个步骤拖曳到垃圾简图标上以撤销该步骤。

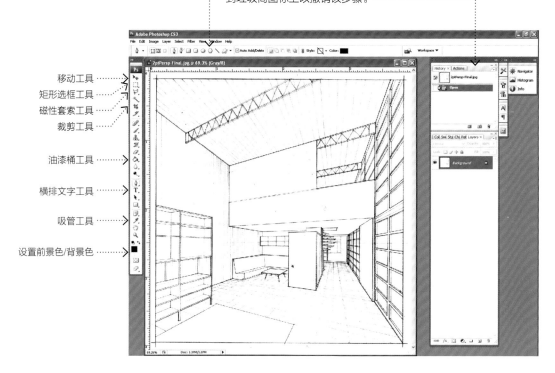

移动工具
矩形选框工具
磁性套索工具
裁剪工具
油漆桶工具
横排文字工具
吸管工具
设置前景色/背景色

"工具"面板（Tool Palette）

· "工具"面板位于Photoshop软件界面的左侧。点击工具图标右下角的三角形图标可看到扩展工具。

"工具"面板中的常用工具

· **移动工具（Move）**：选择和移动图片内的图层。选中这一工具后，在图层上单击鼠标右键可使该图层成为活动图层。
· **矩形选框工具（Rectangular Marquee）**：选择一个直线矩形范围。
· **磁性套索工具（Polygonal Lasso）**：选择不规则区域。
· **裁剪工具（Crop）**：裁剪图片。
· **油漆桶工具（Paint Bucket）**：为某一区域上色。
· **文字工具（Text）**：为图片添加文字。
· **吸管工具（Eyedropper）**：从现有图片上提取颜色。
· **设置前景色/背景色（Foreground/Background）**：显示当前的颜色选择。

"图层"面板

在"图层"面板中可以管理图片中的各个图层，并可为图层设置透明度。

键盘命令

用键盘快捷键可以更快地执行命令，或者快速地切换工具。下面列出了常用的命令快捷键（Mac系统可能会有不同）。

· 放大：Ctrl + +
· 缩小：Ctrl + -
· 全选：Ctrl + A
· 复制：Ctrl + C
· 粘贴：Ctrl + V
· 平移：空格键

渲染步骤

下面给出的步骤示例介绍了如何对透视图进行数字渲染。这些步骤同样可用于渲染立面图、平面图或剖面图。在Photoshop中任何渲染的第一步都是将色彩区域应用到图中的所有平面上。

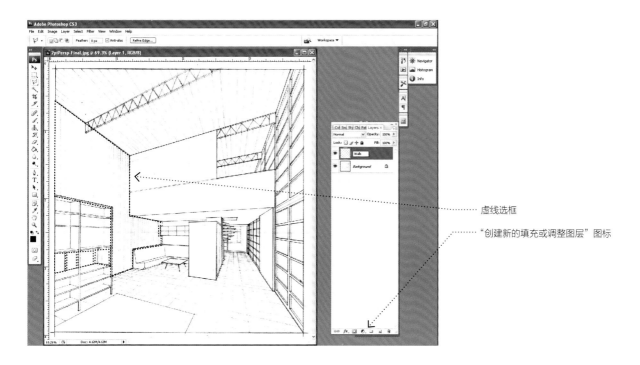

虚线选框

"创建新的填充或调整图层"图标

步骤1：打开图片

· 执行"文件>打开（File>Open）"命令在Photoshop中打开需要扫描的徒手绘图。

· 执行"图像>图像大小（Image>Image Size）"命令，在弹出的对话框中调整图像大小以及分辨率。

步骤2：选择上色表面

· 在"工具"面板里选中磁性套索工具。

· 在需上色区域的一个角单击鼠标左键，拖动鼠标以创建一条轮廓线，在拐角处再次单击鼠标，向另一方向拖动鼠标以创建下一条轮廓线。

· 若要创建垂直线或水平线，只需要在拖动鼠标的同时按住Shift键即可。

· 双击鼠标左键，或将光标移至开始位置，当光标变成一个圆圈时单击鼠标左键以完成选区。

· 完成选区之后，按住Shift键再创建选区就可将其添加到已完成选区中；按住Alt键再选择已完成选区中的一部分区域即可将此区域从选区中删除。

步骤3：创建新图层

· 在"图层"面板中，点击下方的"创建新的填充或调整图层（Create New Layer）"图标即可创建一个新的图层。双击图层名称可重命名图层。要激活某个图层，只要在"图层"面板中单击该图层名称，使其高光显示即可。

· 新建的图层用于表现墙面材质。随着渲染的继续，你会想要创建更多的图层以使调整更便捷。

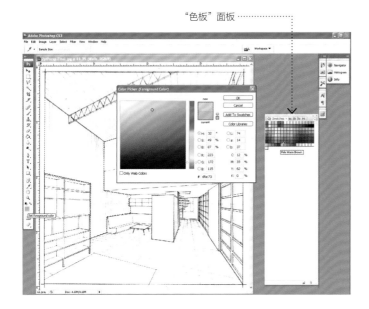

步骤4：选择颜色

· 若为墙面选择颜色，打开"色板"面板，单击其中一种标准颜色，这种颜色就会出现在"工具"面板的"设置前景色/背景色"方块中。

· 若要调整颜色，双击"工具"面板中的前景色或背景色以打开"拾色器（Color Picker）"对话框。在此对话框中你可以选择RGB色彩模式或CMYK色彩模式，也可以调整颜色的色调和明度。

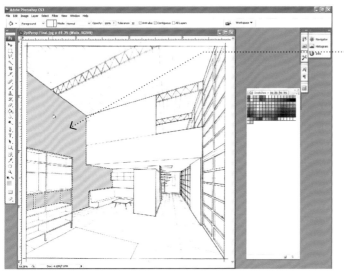

步骤5：为选区上色

· 在"工具"面板里选中油漆桶工具。

· 点击选区内任意位置即可用前景色填充选区。

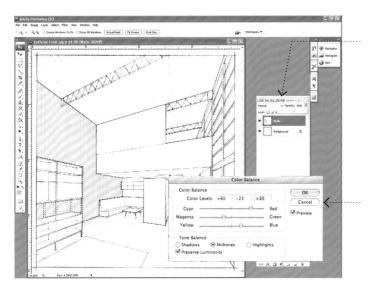

步骤6：调整颜色透明度

· 要想看到颜色之下的轮廓线，可以在"图层"面板中向左或向右拖动透明条，或者直接输入百分比数值以调整图层透明度。

· 在"图层"面板中还可以调整图层的混合模式，在透明条左侧的菜单中可以选择"正常"、"正片叠底"或"叠加"模式。

· 若要移除一部分颜色，可用磁性套索工具选择要移除颜色的区域，然后按Delete键即可。

· 如果要在颜色已经应用到图片中之后对其进行调整，可执行"图像>调整>色彩平衡（Image>Adjustments>Color Balance）"命令，打开"色彩平衡"对话框，并在其中对颜色进行调整。

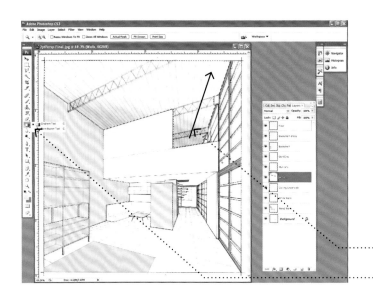

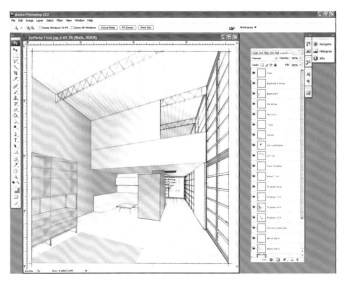

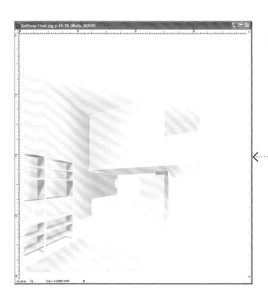

步骤7：为图片其他部分添加颜色

· 重复步骤2~6为图片剩余部分添加颜色。

· 记住在每一次添加颜色之前创建新图层。

· 用渐变工具（Gradient）可以创建渐变颜色效果。

· 若要使用渐变工具，先将渐变色两端的颜色设置为背景色和前景色。

· 在"工具"面板里选中渐变工具，在选区中按住鼠标左键拖动鼠标，即可为选区添加渐变颜色。

· 鼠标拖动的方向就是颜色的渐变方向。

· 在左侧的例图中，天花板就是用渐变工具进行渲染的。

以鼠标拖动的方向渐变

渐变工具

步骤8：添加阴影和细节

· 用磁性套索工具选择要添加阴影的区域。

· 为阴影创建一个新图层。

· 在左侧的例图中，阴影是分别添加在5个图层上的，这样就可以分别为不同区域的阴影设置各自的透明度。

· 在"工具"面板中双击"设置前景色和背景色"方块，将渐变色的两端颜色分别设置为前景色和背景色。

· 在"工具"面板中选中渐变工具。

· 在选区中按住鼠标左键并拖动鼠标以创建渐变效果。

· 调整阴影图层的透明度以实现预期的明暗效果。

· 你也可以将阴影图层的混合模式改为"加深"或"正片叠底"模式。

· 左下方的图片展示了为图片添加的阴影区域。

9A

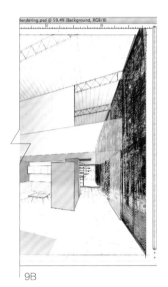

9B

9C

9D

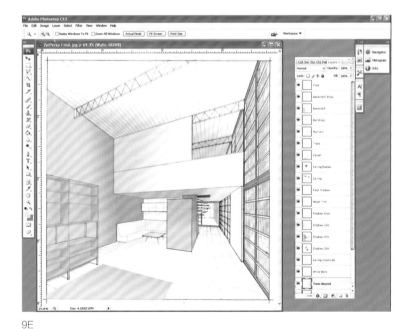

9E

步骤9：添加背景图片

用树木的照片可以为建筑添加背景。

步骤9A：

· 用磁性套索工具选择照片中要用到的区域。

步骤9B：

· 将这一区域复制到设计图中，对其进行翻转，并使其符合透视角度。

· 执行"编辑>变换>水平翻转（Edit>Transform>Flip Horizontal）"命令，即能够翻转图像。

· 对图像进行扭曲处理，使其与透视墙面平行。

· 执行"编辑>变换>扭曲（Edit>Transform>Distort）"命令，拖动图像上的节点以调整图像形状。

步骤9C：

· 隐藏照片图层，在"工具"面板中选中魔棒工具（Magic Wand），选择窗户上的玻璃区域。

· 用魔棒工具在要选择区域中单击任意位置，就可以选中该区域。在"选项"面板中可以调整容差值。

步骤9D：

· 显示照片图层，并将其激活为当前图层。按快捷键Ctrl+C，复制选区中的照片内容。

步骤9E：

· 将照片图层的透明度设置为40%，从而使照片效果与图稿相融合。

用Photoshop添加图标

大部分设计师和设计公司都会用网上下载的或自己拍摄的人物、物件和交通工具的照片来创建自己的图标库。很多学生在学校里就开始通过拍摄平面图、立面图和透视图中的人物和部件来创建自己的图标库。一般来说，最好是将你自己的图标拍摄下来，再进行进一步的高精度修改和角度控制。

步骤10A：添加图标

· 在Photoshop中打开照片。

· 选中磁性套索工具，然后勾画出人物或部件的轮廓。

· 用快捷键Ctrl+C复制选中区域，按快捷键Ctrl+N创建新文件，再按快捷健Ctrl+V将人物或物件粘贴到新文件中。

· 保存新文件为EPS格式，这种格式的图片只会保留人物或部件，而不会保留背景，其背景效果为透明。

步骤10B：

· 将选区中的人物或部件复制粘贴到主图中。这时复制内容会自动被粘贴到新的图层上，其比例一般都会比主图或大或小。

· 要调整人物或部件的大小，先执行"编辑>变换>缩放（Edit>Transform>Scale）"命令以激活缩放状态。

· 按住Shift键，用鼠标调整人物或部件周围的节点位置就可进行按比例缩放，向内拖动节点即缩小，向外拖动节点即放大。

步骤10C：

· 将人物或部件移动到适当的区域。

· 一般会将人物或部件图层的透明度设置为75%，使其呈现出半透明状，从而与背景图更好地融合在一起。

· 另一个将人物或部件揉合到背景图中的方法就是执行"图像>调整>色相/饱和度（Image>Adjustments>Hue/Saturation）"命令，打开"色相/饱和度"对话框，在对话框中调高人物或部件图层的饱和度，同时降低其明度。

10A

10B

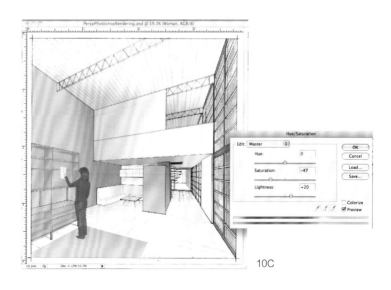

10C

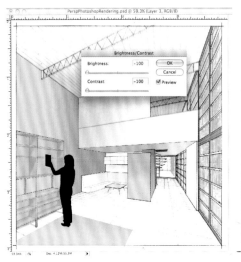

11A

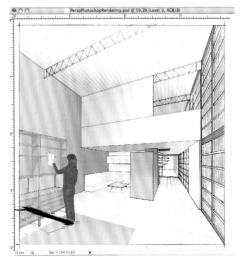

11B

11C

步骤11A：创建人物阴影

· 若要创建人物阴影，先复制人物图像，粘贴到新的图层上，再执行"图像>调整>亮度/对比度（Image>Adjustments>Brightness/Contrast）"，在"亮度/对比度"对话框中调整图层亮度和对比度为–100。

步骤11B：

· 在"图层"面板中将阴影图层移动到人物图层下方。执行"编辑>变换>扭曲（Edit>Transform>Distort）"命令，拖动各节点的位置使阴影像是在地板上的投影一样。

步骤11C：

· 将阴影图层调整为与图中其他阴影相同的半透明效果。
· 重复上述步骤以完成人物和部件的添加，从而完成渲染。

在Photoshop中渲染室外立面图
在此示例中所用到的渲染立面图的工具和技巧都和前面章节介绍渲染透视图时所用到的一样。主要的区别就在于用照片来表现室外表面材质以及创建真实渲染效果的方式不同。

步骤1：在Photoshop中打开线稿
· 这张立面图是从AutoCAD中以EPS格式导出，再导入到Photoshop中的。EPS格式的文件可保存线条信息，且不会保留背景。这就使得这些线条可以放置于Photoshop中的图片之上。
· 对手绘的立面图也可以进行数字渲染。

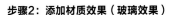

步骤2：添加材质效果（玻璃效果）
· 在Photoshop中打开一张天空的照片，并将其复制到立面图中，作为窗外的背景。
· 用磁性套索工具来截取符合玻璃形状的天空区域。

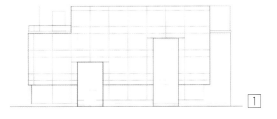

步骤3：添加材质效果
· 添加砖块、金属以及荧幕图样的图片，并将这些图片复制到立面图中。
· 同样用磁性套索工具截取与立面图相符的区域。

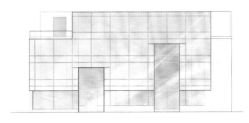
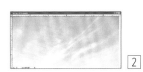

步骤4：添加阴影
· 所有阴影都在同一个图层上进行创建，并将图层透明度设置为30%。
· 用磁性套索工具选择阴影区域，再用油漆桶工具用灰色进行填充。

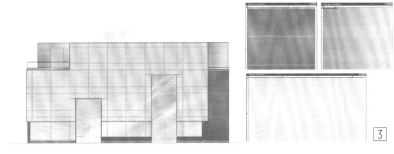

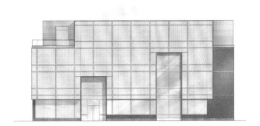

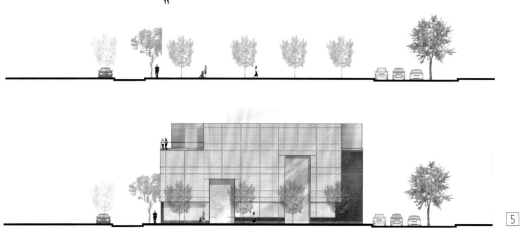

5

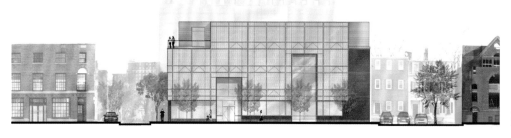

6

步骤5：添加图标

· 运用透视图章节中所介绍的技巧为渲染图
  添加树、人、交通工具等图标。

步骤6：添加环境背景

· 从相邻建筑的立面图照片中复制其图像，
  并调整至适当的大小。

· 将前方建筑的透明度设置为50%，后方建
  筑的透明度设置为20%，以创造层次感并
  突显目标建筑。

Arrowstreet建筑事务所

立面图方案

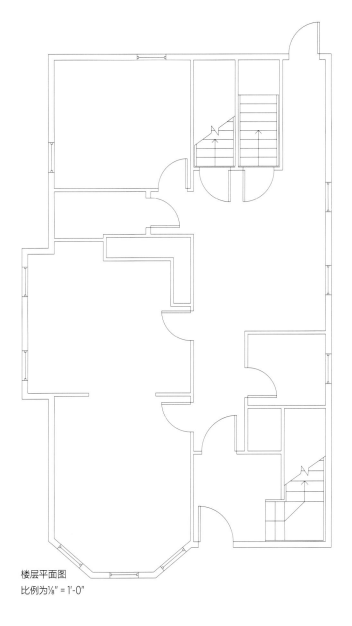

楼层平面图
比例为⅛" = 1'-0"

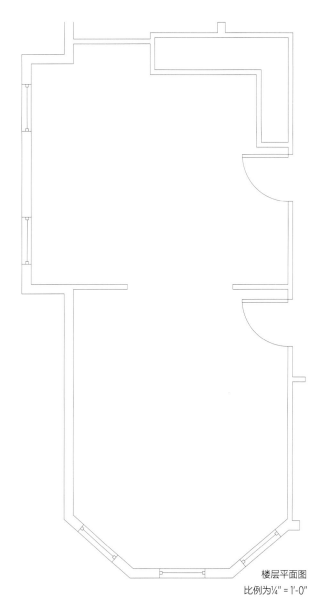

楼层平面图
比例为¼" = 1'-0"

练习：添加图标

该练习可以帮助你更好地理解如何为平面图添加各种不同尺寸的图标。

· 按⅛" = 1'-0"的比例，以房间名作为参考，用你的家具模板为上图中的各个房间添加家具、植物和地板样式。

· 按¼" = 1'-0"的比例，为右侧上图中的客厅和餐厅添加家具。这些家具应该有更多的细节。

· 这两张图中的家具都应该位于房间内部，并且彼此之间留有一定的空间。例如，餐桌和餐厅的墙壁间就应该留有1066mm（3英尺6英寸）的距离。

练习：渲染平面图

该练习可以帮助你更好地理解如何通过对平面图的渲染来表现材质效果。要完成这个练习，你需要准备4至6种颜色的马克笔或彩色铅笔。

· 用马克笔或彩色铅笔按统一方向为图稿中所有区域添加初始色彩涂层。

· 用马克笔或彩色铅笔在这些区域中的阴影区域进行二次描绘。

· 用彩色铅笔添加表面细节，以展现材质、纹理和高光效果。

· 用铅笔或钢笔为平面图中的轮廓线添加适合的线宽效果。你可以为墙壁添加实心效果，以突显剖面横切面。

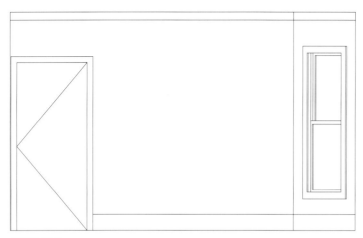

室内立面图A
比例为¼" = 1'-0"

室内立面图B
比例为¼" = 1'-0"

主平面图

练习：渲染立面图

该练习可以帮助你更好地理解如何通过对立面图的渲染表现家具和材质效果。要完成这个练习，你需要准备4至6种颜色的马克笔或彩色铅笔。

· 这些立面图呈现出了客厅的各面墙壁。以主平面图为细节参考。

· 以前几页的家具平面图为参照，在立面图中绘制出这些家具。

· 用马克笔或彩色铅笔按统一方向为图稿的所有区域添加初始色彩涂层。

· 用马克笔或彩色铅笔在这些区域的阴影位置进行二次描绘。

· 用彩色铅笔添加表面细节，以展现材质、纹理和高光效果。

· 用铅笔或钢笔为平面图中的轮廓线添加适合的线宽效果。参考第七章中关于立面图中的线宽应用的内容。

· 为其中一张立面图添加一个人物。这个人物的风格应与渲染风格相一致。

练习：明度研究

该练习可以帮助你更好地理解如何在渲染图中用各种不同的明度来创建空间深度效果。为了方便观察室外表面的阴影效果，你可以为邻居的房子画一张明度速写图。

要完成这个练习，你需要至少三种不同明度的灰色马克笔或彩色铅笔，从浅到深。或者你也可以用铅笔或钢笔来绘制浅色、中等深浅以及深色的边缘线。

· 确定阳光的照射方向和位置。例如，若想要阳光从房子的正面照射过来，则房子的正面就应该上较浅的颜色。

· 用浅灰色马克笔填充阳光直射区域。

· 用中灰色马克笔填充阳光没有直射的区域。这种颜色马克笔还可用于为明度较低的元素上色，如窗框等。

· 用深灰色的马克笔填充阴影区域。例如，前厅的天花板就应该比其上方的平面颜色更深；屋顶突出的部分也应该在相邻的墙面上有阴影投射。这种颜色的马克笔还可用于为明度非常低的元素上色。

· 地面上的阴影应有三种不同的明度。

· 完成两幅明度图，然后对其效果进行评估。此图是否实现了光影平衡？图中的明度变化是否强调了焦点位置并创造了深度效果？

练习：色彩研究

该练习可以帮助你更好地理解如何用各种色彩来对图稿进行渲染。色彩研究是可以很快完成的准备工作，其作用是在进行最终渲染之前检验构图以及各种绘图方法是否恰当。要完成这个练习，你需要4至6种不同颜色的马克笔或彩色铅笔。

· 用明度图作为参照，以规律的笔触方向为图稿中所有区域添加色彩涂层。

· 在色彩涂层上用马克笔或彩色铅笔为阴影区域进行二次描绘。

· 用彩色铅笔添加表面细节，以展现材质、纹理和高光效果。

· 评估你的构图。图中是否运用了对比色、近似色、三色组或单色方案？你的色彩选择和布局方式强调了图中的哪些部位？你用的是哪种上色方法？

练习：色彩渲染

该练习可以帮助你更好地理解如何进行色彩渲染。在进行此练习之前，你需要先完成前两页的明度研究和色彩研究练习。要完成此练习，你需要4至6种不同颜色的马克笔和彩色铅笔。

· 用之前完成的明度图和色彩图作为参照，按照规律的笔触方向为图稿中的所有区域添加色彩涂层。

· 在色彩涂层上用马克笔或彩色铅笔为阴影区域进行二次描绘。

· 用彩色铅笔添加表面细节，以展现材质、纹理和高光效果。

· 在前厅和房屋旁边各添加一个人物图标。这两个人物的比例都应该与图稿整体比例相符。